神奇的海洋水产品系列丛书

神奇的海参

典藏版

刘淇 曹荣◎主编

中国农业出版社

北 京

图书在版编目（CIP）数据

神奇的海参：典藏版／刘淇，曹荣主编．—北京：中国农业出版社，2022.1（2024.1重印）
ISBN 978-7-109-29039-6

Ⅰ．①神…　Ⅱ．①刘…　②曹…　Ⅲ．①海参纲－海水养殖－普及读物　Ⅳ．①S968.9-49

中国版本图书馆 CIP 数据核字（2022）第 004309 号

神奇的海参（典藏版）
SHENQI DE HAISHEN (DIANCANGBAN)

中国农业出版社出版
地址：北京市朝阳区麦子店街18号楼
邮编：100125
策划编辑：杨晓改
责任编辑：杨晓改　郑　珂　　文字编辑：陈睿赜　蔺雅婷
版式设计：艺天传媒　　责任校对：刘丽香
印刷：北京通州皇家印刷厂
版次：2022年1月第1版
印次：2024年1月北京第2次印刷
发行：新华书店北京发行所
开本：700mm×1000mm　1/16
印张：10.75
字数：180千字
定价：68.00元

➤ 本书编写人员

主　　编：刘　淇　曹　荣

副 主 编：赵　玲　廖梅杰　李　强　邹安革
　　　　　王宇夫　李　亚

编写人员（按姓氏笔画排序）：
　　　　　丁芳妹　王宇夫　王联珠　尹金从
　　　　　冯启超　朱文嘉　刘　淇　刘　鑫
　　　　　孙　日　孙慧慧　李　亚　李　强
　　　　　邹安革　张　媛　赵　玲　赵玉然
　　　　　钟大森　郭莹莹　曹　荣　廖梅杰

▶ 序

    海洋是人类赖以生存的"蓝色粮仓"，我国自 20 世纪 50 年代后期开始关注水产养殖发展，经过几十年的沉淀，终于在改革开放中使得海洋水产品的生产获得了跨跃式的发展。水产养殖业为国民提供了 1/3 的优质动物蛋白，不仅颠覆了传统的、以捕捞为主的渔业发展模式，带动了世界渔业的发展和增长，也为快速解决我国城乡居民"吃鱼难"、保障供给和粮食安全、提高国民健康水平作出了突出贡献。

    海洋水产品不仅营养丰富，还含有多种生物活性物质，对人体健康大有裨益，是药食同源的典范。在中华民族传统医学理论中，海洋水产品大多具有保健功效，能益气养血、增强体质。随着科学技术的发展，科技工作者对海洋水产品中各种成分，尤其是生物活性成分，进行了广泛且深入的研究，不仅验证了中医临床经验所归纳的海洋水产品的医疗保健功效，还从中发现了许多新的活性成分。

    近年，为落实中央双循环发展战略，推动国内市场水产品流通，促进内陆居民消费海洋水产品，农业农村部渔业渔政管理局印发了《关于开展海水产品进内陆系列活动的通知》。通过海洋水产品进内陆系列活动，鼓励大家多吃水产品、活跃内陆消费市场、丰富群众菜篮子、改善膳食营养结构、提高内陆居民健康水平。

为了帮助读者更多地了解海洋水产品，中国水产科学研究院黄海水产研究所、中国海洋大学等单位的多位专家和科普工作者共同编写了"神奇的海洋水产品系列丛书"，涵盖鱼、虾、贝、藻、参等多类海洋水产品。该丛书从海洋水产品的起源与食用历史、生物学特征、养殖或捕捞模式、加工工艺、营养与功效、产品与质量、常见的食用方法等方面，介绍了海洋水产品的神奇之处。

该丛书以问答的形式解答了消费者关心的问题，图文并茂、通俗易懂，还嵌套了多个二维码视频，生动又富有趣味。该丛书对普及海洋水产品科学知识、提高消费者对海洋水产品生产全过程及营养功效的认识、引导消费者树立科学的海洋水产品饮食消费观念、做好海洋水产品消费促进工作具有重要意义。另外，该丛书对从事渔业资源开发与利用的科技工作者也具有一定的参考价值。

中国工程院院士　唐启升

2022 年 1 月

▶ 前　言

　　海参起源于 5 亿多年前的古生代寒武纪，是一种神奇的生物，环境水温高时会"夏眠"，在受到强烈刺激时会"排脏"，排出内脏后的海参在适宜条件下又可以再生出一套新的内脏器官。海参的神奇之处还在于它所含有的多种功效成分。吃海参正逐渐成为人们日常养生保健的潮流。

　　海参在我国有悠久的食用历史，是药食同源的典范。我国传统中医认为，海参有补肾益精、益气养血等功效，适当食用海参不仅能促进细胞再生、损伤修复，还能提高机体免疫力，从而起到保养身体、增强体质的作用。随着科学的发展和分析技术的不断进步，科研工作者对海参各类成分，尤其是生物活性成分，进行了广泛且深入的研究，不仅验证了中医临床经验所归纳的海参的医疗保健功效，而且还发现了海参中许多新的活性成分。

　　2009 年，国家海参加工技术研发分中心（青岛）落户中国水产科学研究院黄海水产研究所，研究团队在海参营养、功效、加工技术与质量标准等方面开展了大量科学研究工作。编写本书的初衷是向广大读者普及海参的有关知识，希望本书的出版可以对消费者科学认识、鉴别和食用海参起到一定的指导作用。

本书共分为五章，分别为海参的起源与食用历史、海参的形态与生活习性、海参的营养与功效、海参产品与质量、海参的食用。考虑到全书的科普性、实用性、系统性，本书引用了国内外诸多同行的研究成果，青岛海滨食品股份有限公司、蓝鲲海洋生物科技（烟台）有限公司、山东安源种业科技有限公司对本书的出版给予了大力支持，在此一并致以最诚挚的感谢！

　　由于时间有限，本书难免存有纰漏，敬请广大读者批评指正。

编　者

2021 年 8 月于青岛

目 录　CONTENTS

第一章

海参的起源与食用历史

▶ 第一节 海参的起源与分类

 海参是一种什么类型的生物？

海参（sea cucumber）归属于棘皮动物门，目前全世界有记录的大约有 1 400 种，其中印度洋－西太平洋区域是世界上发现海参种类最多的区域。棘皮动物门（Echinodermata）是由希腊文"echinos"（意为"棘刺"）和"derma"（意为"表皮"）两个词组成，意思就是"皮上有棘的动物"。棘皮动物体壁含有内骨骼，且骨骼常突出于体表形成"棘"，由此得名。

棘皮动物是一个古老的类群，可追溯至 5 亿多年以前的古生代寒武纪。棘皮动物在海洋中广泛存在，从热带海域到寒带海域，从潮间带到数千米的深海都有分布。棘皮动物几乎全营底栖生活，栖息环境多种多样，如岩岸、珊瑚礁以及各种沙质海底。

科普小知识

棘皮动物门（图 1-1）含 5 个纲，分别为海百合纲（Crinoidea）、海星纲（Asteroidea）、蛇尾纲（Ophiuroidea）、海胆纲（Echinoidea）和海参纲（Holothuroidea）。海参纲是棘皮动物门中最具经济价值的一个纲。

 海羊齿
 海星
 海蛇尾

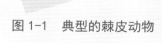
图 1-1 典型的棘皮动物
 海胆
 海参

海参是如何进行分类的？

世界上最先科学命名海参的是林奈。1758年，在第10版《自然系统》中，林奈将 *Holothuria* 这个词用于某些游泳动物。1767年，他在《自然系统》扩大版本中，把海参放在 *Holothuria* 这个属内。1801年，拉马克把海参命名为 *Holothuria*。

海参的分类系统存在6个版本，按照时间排序依次为：Selenka（1867）、Semper（1868）、Theel（1886）、Ludwig（1892）、Mortensen（1927）、Pawson & Fell（1965）。

目前采用最多的是 Pawson & Fell（1965）的分类系统，详细内容如下：

枝手亚纲	Dendrochirotacea
枝手目	Dendrochirotida
板海参科	Placothuriidae
拟瓜参科	Paracucumariidae
葙参科	Psolidae
异赛瓜参科	Heterothyonidae
沙鸡子科	Phyllophoridae
硬瓜参科	Sclerodactylidae
瓜参科	Cucumariidae
指手目	Dactylochirotida
高球参科	Ypsilothuriidae
华纳参科	Vaneyellidae
葫芦参科	Rhopalodinidae

楯手亚纲	Aspidochirotacea
楯手目	Aspidochirotida
海参科	Holothuriidae
刺参科	Stichopodidae
辛那参科	Synallactidae
平足目	Elasipodida
幽灵参科	Deimatidae
深海参科	Laetmogonidae
乐参科	Elipidiidae
蝶参科	Psychropotidae
浮游海参科	Pelagothuriidae

无足亚纲	Apodacea
无足目	Apodida
锚参科	Synaptidae
指参科	Chiridotidae
深海轮参科	Myriotrochidae
芋参目	Molpadida
芋参科	Molpadiidae
尻参科	Caudinidae
真肛参科	Eupyrgidae

仿刺参的分类地位如何?

按照 Selenka（1867）的分类系统，国内最常见的仿刺参（*Apostichopus japonicus*）归属于棘皮动物门游走亚门海参纲楯手目刺参科仿刺参属。目前人们仍习惯将仿刺参称为刺参或海参。

科普小知识

生物分类是研究生物的一种基本方法。生物分类主要是根据生物的相似程度（包括形态结构和生理功能等），把生物划分为不同的等级，并对每一类群的形态结构和生理功能等特征进行科学的描述，以弄清不同类群之间的亲缘关系和进化关系。

分类系统是阶元系统，通常包括七个主要级别：界、门、纲、目、科、属、种，种是分类的基本单位。分类等级越高，所包含的生物共同点越少；分类等级越低，所包含的生物共同点越多。

▶ 第二节　海参的食用历史

 古代人是如何认识和评价海参的？

海参在我国有悠久的食用历史，是药食同源的典范。

据史书记载，海参供食用始于三国时期，吴国沈莹所著《临海水土异物志》中描述海参为"土肉，正黑，如小儿臂大，长五寸，中有腹，无口目，有三十足，炙食"。"土肉"指的就是海参。

到魏晋时期，海参开始成为筵席中的佳肴。晋代郭璞在《江赋》中写到"玉珧海月，土肉石华"，将"土肉"（海参）同"玉珧"（牛角江珧蛤）、"石华"等名贵食材相提并论。

海参被真正列为海味珍品是在明朝时期。明代谢肇淛撰写的《五杂俎》中这样描述海参的价值："昔人以闽荔枝、蛎房、子鱼、紫菜为四美。蛎负石作房，累累若山，所谓蚝也。不惟味佳，亦有益于人。其壳堪烧作灰，殊胜石灰也。子鱼、紫菜，海滨常品，不足为奇，尚未及辽东之海参、鳆鱼耳。海参，其性温补，足敌人参，故名海参"。明代周亮工所撰《闽小记》（图1-2）对福建莆田所产海参进行了这样的描述："闽中海参，色独白，类撑以竹签，大如掌，与胶州、辽海所出异，味亦淡劣。海上人复有以生革伪为之以愚人，不足尚也，胶州所出，生北海咸水中，色又黑，以滋肾水，从其类也"。

图1-2　周亮工画像（清代禹之鼎绘）与其编撰的《闽小记》

清代的大量史书都记载了海参的食用和药用价值。清代吴仪洛撰写的《本草从新》论述海参的价值："甘、咸、温，补肾益精、壮阳疗痿"。清代赵学敏编著的《本草纲目拾遗》（图1-3）载有"海参补肾经，益精髓，消痰涎，摄小便，壮阳、安胎利产、愈创抗炎、生百脉血，治溃疡生蛆，活血化瘀，治息痢"。清代赵其光编著的《本草求原》提及"海参润五脏、滋精利产、滋阴补血、健阳、润燥、调经、养胎、利尿"。清代龙柏编著的《脉药联珠药性食物考》载有："海参可降火、滋肾、通肠润燥、除劳祛症"。清代王士雄撰写的《随息局饮食谱》是一部食疗养生著作，书中这样论述海参的食用价值："滋阴、补血、健阳、润燥、调经、养胎、利产，凡产后、病后、衰老者，宜同火腿或猪、羊肉煨食之"。

图1-3　清代赵学敏编著的《本草纲目拾遗》

2 现代消费者对海参的认可度如何？

随着人民生活水平的普遍提高和健康意识的不断增强，消费者对生活质量有了新的追求，作为我国传统滋补佳品之一的海参正逐渐走向普通消费者的餐桌。特别是近几年，人们工作和生活节奏越来越快、压力越来越大，体虚、体弱、亚健康状态成为一种普遍现象，吃海参正逐渐成为人们日常养生保健的潮流。

2020 年全国海参养殖产量高达 19.66 万 t，其中山东产量为 9.89 万 t，辽宁产量为 5.64 万 t，福建产量为 2.81 万 t。另外我国每年进口各种海参 1 万多 t（折合干品），市场呈现购销两旺的局面。

Q 弹可口的海参

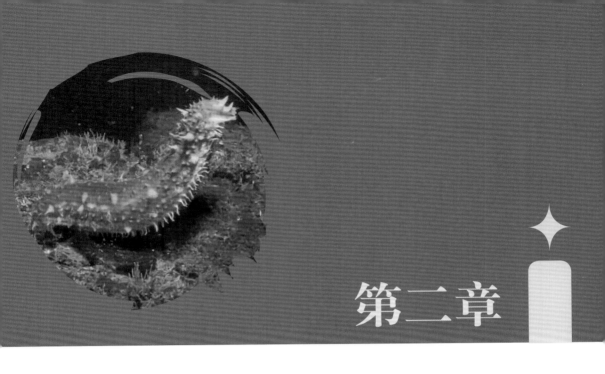

第二章

海参的形态与生活习性

▶ 第一节　海参的形态特征

 活海参长什么样子？

海参的形态见图 2-1 和图 2-2，其基本特征是：身体呈圆筒状；口在身体前端，周围有触手；肛门在身体后端，其周围常有不甚明显的小疣；背面和腹面常有不同，多数海参腹面平坦，形同足底，背面隆起，生有大小不同的疣足；内骨骼不发达，形成微小的骨片，埋没于体壁之内；生殖腺不呈辐射对称，开口于身体前端。

图 2-1　海参外观

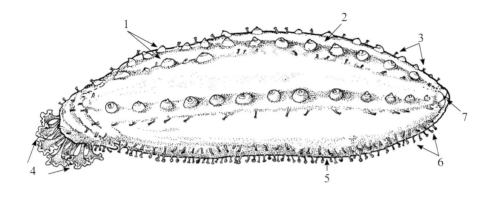

图 2-2　海参的外部结构特征示意图

（Purcell S. W. ，2012）

1. 疣足　　　2. 背面　　　3. 背面管足　　　4. 触手（盾状）

5. 腹面　　　6. 腹面管足　　　7. 肛门（末端）

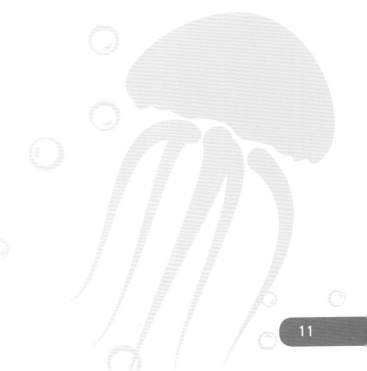

海参有"腿"吗？是如何运动的？

海参的腹面有许多管足，是海参的行动器官，呈空心管状，由体壁突出形成，内部和水管系统相通，末端有吸盘。多数海参的背面有许多瘤状或疣状突起，称为疣足。疣足是变化了的管足，无吸盘，主要起到感觉的作用。

海参的运动通常是为了摄食或是寻找更为适宜的栖息环境。以仿刺参为例，其运动有 3 种方式。一是爬行，仿刺参通过管足附着和躯体伸缩做尺蠖式运动，一般 15min 能移动 1m 左右；二是漂浮，仿刺参一般栖息在水底，但偶尔会漂浮到溶解氧含量较高的水面上；三是滚动，当太阳光线较强时，滞留在浅水处的仿刺参个体不能忍受强光的照射，往往从浅水处滚动到深水处，深水处光线相对较弱，这与海参喜好弱光的习性吻合。

科普小知识

海参的管足和疣足的区别是相对的，疣足是缺少吸盘或吸盘不发达的管足，位于背面的疣足往往都有一定程度的管足倾向。刺参科（Stichopodidae）的疣足尤为发达，形成锥形肉刺。而无足目和芋参目的海参体壁薄而略透明，不具有疣足和管足。

3 海参体内有"骨头"吗?

海参真皮的表层包含有称之为骨片或骨针的内骨骼。骨片一般都很小,通常在显微镜下才能看到,被认为是古代祖先或胚胎期骨骼的残留。海参骨片的形状、大小常随种类而异,并且十分稳定,故在海参分类上是最重要的依据,常见的骨片有桌形体、扣状体、杆状体、穿孔板体、花纹样体、锚形体等(图2-3)。

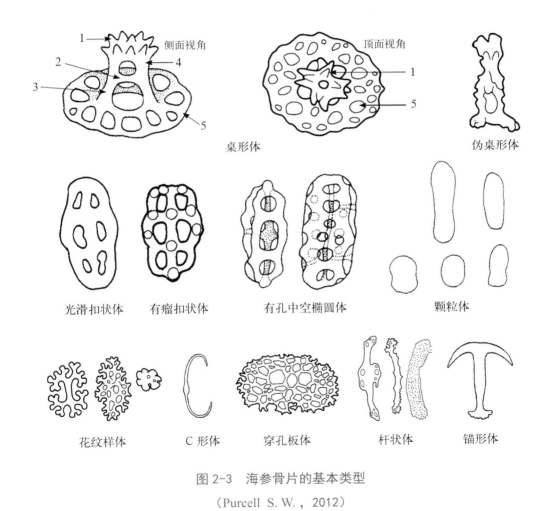

图 2-3　海参骨片的基本类型

(Purcell S. W., 2012)

1. 冠　　2. 横桥　　3. 支柱　　4. 塔部　　5. 底盘

4 海参是如何呼吸的？

海参的呼吸主要靠体内的呼吸树完成。海水由肛门进入排泄腔，然后流入呼吸树，由此吸收氧气。呼吸树之外分布有血管，氧气通过血液携带到其他器官，CO_2 经此途径排出体外。

此外，皮肤也具有呼吸作用，且皮肤呼吸占整个呼吸的比重随着水温的升高而增加，当水温为 8.5 ~ 13.5℃ 时皮肤呼吸占 39% ~ 52%，当水温为 18.5℃ 时这一比例高达 60% ~ 90%。

5 海参体内有哪些器官？

海参的内部构造见图2-4和图2-5。海参的消化系统由咽、食管、胃和肠组成，咽、食管和胃较短，肠是一个先下降再上升最后再下降的回路结构，与直肠和泄殖腔相连接，最后通过肛门开口于体外。楯手目的一些海参具有居维叶氏管，这通常被认为是一种防御器官，可以在受到刺激后通过泄殖腔喷出。

海参通常是雌雄异体，生殖腺位于背侧，附着在肠系膜上，通过生殖管开口于生殖孔或生殖乳突与体外相连。在非性成熟期，雌雄间差异很小。性成熟产卵时，海参会保持一种直立的姿态，雄性海参和雌性海参的身体同时来回晃动，从而将配子释放到海水中。

海参的水管系统是一个由体腔上皮细胞围成的空间，环绕在食管、辐水管、石管和波里氏囊周围。围血系统十分发达，由沿着消化道、窦和腔分布的大量血管组成，连接消化道的血管组成一个复杂的血网组织，与呼吸树相连，由此实现营养物质与气体的交换与传输。

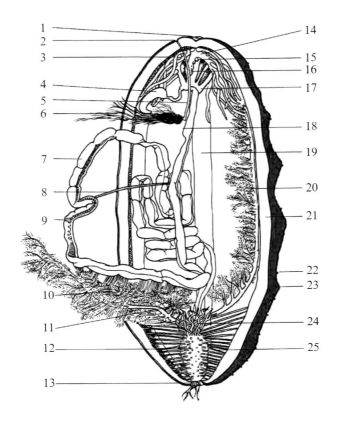

图 2-4　海参的内部构造示意

（Conand，1989）

1.口部的触手	2.生殖孔	3.触手坛囊	4.波里氏囊	5.生殖管
6.性腺	7.肠	8.横导管	9.肠腔	10.血管丛
11.直肠	12.泄殖腔	13.肛门	14.咽周石灰环	15.筛板
16.环水管	17.咽管球	18.背肠系膜	19.纵肌带	20.右侧呼吸树
21.体壁	22.疣足	23.乳突	24.居维叶氏管	25.肌纤维

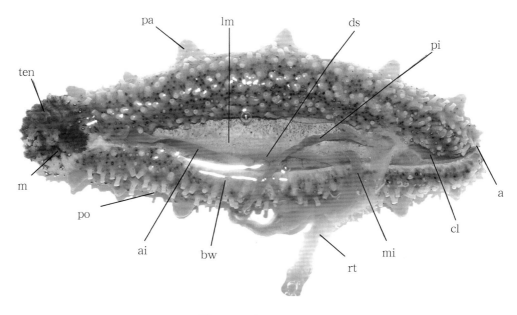

图 2-5　海参的解剖

a. 肛门　　ai. 前肠　　bw. 体壁　　cl. 泄殖腔　　ds. 背血窦

lm. 纵肌　　m. 口　　mi. 中肠　　pa. 疣足　　po. 管足

pi. 后肠　　rt. 呼吸树左支　　ten. 触手

第二节　海参的生活习性

 海参生活在什么样的环境中？

海参对栖息环境的变化非常敏感，当周围环境比较恶劣时，它们通常会躲藏到岩礁空隙或草丛中，待风平浪静后再出来活动和摄食。以仿刺参为例，在自然海区，仿刺参多生活在水深 3 ～ 15m 的浅海中，少数栖息海域可深达 35m。仿刺参喜欢的生活环境一般具有以下特征：海流平稳，无淡水注入，饵料丰富，海水 pH7.8 ～ 8.4，水温不高于 28℃，底质为岩礁底或较硬的泥沙底。

 为什么海参会有各种各样的体色？

海参的体色与栖息环境有一定关系。以仿刺参为例，背面一般为黄褐色或棕褐色，生活在岩礁底的个体体色往往较深，而生活在海藻间的个体常带有绿色，有时变成白色、赤褐色或紫褐色。仿刺参的腹面多为浅黄褐色，此外还有黄绿、赤褐、灰白等颜色。

科普小知识

图 2-6　白海参

白海参（图 2-6）又名白玉参，是仿刺参发生遗传变异导致体色变白而形成的，数量极为稀少，这种基因突变的概率是 $5×10^{-6}$。目前白海参可以通过人工培育实现一定规模的生产。

海参为什么会"夏眠"？有没有"冬眠"？

以仿刺参为例，其最适生长水温为 8 ~ 15℃。"夏眠"是仿刺参特有的生活习性。当夏季海水温度升高到一定程度后，仿刺参会向深水迁移，潜伏在安静的岩石底下，进行夏眠。在此期间，仿刺参生理状态会出现显著变化，主要表现为摄食和排泄机能降低或休止，消化道变细、消化道壁变薄等退化现象，代谢降低，体重减轻。仿刺参夏眠时长一般为 2 ~ 4 个月，一直到秋分时节，当海水温度降低时，才恢复摄食和活动。夏眠的临界温度因栖息地不同而存在差异，并随仿刺参体重的增大而降低，幼参耐高温能力反而更强。体重 70 ~ 140g 的仿刺参，夏眠临界温度为 24.5 ~ 25.5℃，而体重 29 ~ 40g 的仿刺参，夏眠临界温度为 25.5 ~ 30.5℃。

对于仿刺参的夏眠有不同的解释，有学者认为是一种生物节律性，更多学者则认为是仿刺参在长期的进化过程中形成的对生存环境的适应性。

除了夏眠以外，仿刺参在水温低于 3℃ 时，活动明显减弱，出现几乎不摄食的生理现象，进入半休眠状态，渔民称之为"冬眠"，这与冬季温度较低，仿刺参的新陈代谢速率下降有关。

科普小知识

蛰和眠是有区别的。蛰是指变温动物（外温动物）在冬季或夏季的休眠；眠是指恒温动物（内温动物）在冬季或夏季的休眠现象。仿刺参是变温动物，因此，严格意义上来说，仿刺参在夏季和冬季的休眠现象应称之为"夏蛰"和"冬蛰"。

海参"排脏"后还能生存吗?

　　某些大形楯手目的海参，在受到强烈刺激或处于诸如海水污染、水温过高、过分密集等不良的环境条件时，会发生排出内脏（简称排脏）现象，表现为身体强烈收缩，泄殖腔破裂，消化道、呼吸树、生殖腺等部分或全部从肛门排出（图2-7）。枝手目海参也有排脏现象，但排脏的部位是在体壁较薄的翻颈部。海参排出内脏后并不意味着死亡，在适宜条件下，经过60d左右，海参可以再生出一套新的内脏器官。

图2-7　仿刺参排脏现象

　　海参排脏的机理非常复杂，但基本上可以分为三个阶段：首先是连接韧带的快速软化，之后是体壁或泄殖腔强烈的局部软化，最后是肌肉收缩并断裂，排出失去韧带连接的内脏。海参再生机制也非常复杂，大体上可以分为变形再生与新建再生两种。

海参的寿命有多长?

　　海参的年龄多根据体长和体重进行推断，缺乏科学依据。近年来，有学者从海参骨片的形状及石灰环结构来辨别年龄。据研究报道，海参至少能活 5 年，大多数自然生长的海参寿命可达 8 ～ 10 年。就仿刺参而言，在人类采捕活动较少的自然海域内，5 龄以上仿刺参出现的比例较高。

海参的生长周期

 海参如何繁殖?

　　海参为雌雄异体，以仿刺参为例，性成熟需要 2 年以上。在自然海域中，每年的 5 月底至 7 月初是仿刺参产卵的季节，各海区因为水温不同其产卵期存在差异，一般在水温达到 17 ～ 20℃ 时开始产卵，性腺发育良好的雌性亲参的怀卵量一般为 350 万 ～ 500 万粒。

　　仿刺参的个体发育包括胚胎发育期、浮游幼体期和底栖生长期，具体包括受精卵 – 囊胚期 – 原肠期 – 耳状幼体 – 樽型幼体 – 五触手幼体 – 稚参等时期，在水温 20 ～ 24℃ 条件下，从受精卵发育到稚参需要 13 ～ 20d。

第三节 海参的品种

1 全球海参有多少种？主要分布在哪里？

海参有 1 400 多种，尽管在全世界的海洋中均有发现，但主要分布在热带和温带地区。

热带海域的海参资源多样化，主要分布在太平洋的热带海域和印度洋。其中，印度洋－西太平洋区是目前发现海参种类最多、资源量最大的区域。楯手目的刺参属、海参属、辐肛参属和白尼参属是这个区域常见的种类。其中刺参属的种类如绿刺参（*Stichopus chloronotus*）、花刺参（*Stichopus herrmanni* 或 *Stichopus variegatus*）；海参属的种类如糙海参（*Holothuria scabra*）、沙海参（*Holothuria arenicola*）、丑海参（*Holothuria impatiens*）、红腹海参（*Holothuria edulis*）、黄疣海参（*Holothuria hilla*）、玉足海参（*Holothuria leucospilota*）、黑乳海参（*Holothuria nobilis*）；辐肛参属的种类如辐肛参（*Actinopyga lecanora*）、棘辐肛参（*Actinopyga echinites*）、白底辐肛参（*Actinopyga mauritiana*）、乌皱辐肛参（*Actinopyga miliaris*）；白尼参属的种类如图纹白尼参（*Bohadschia marmorata*）、蛇目白尼参（*Bohadschia argus*）。枝手目海参种类并不十分丰富，常见的有针枝柄参（*Cladolabes aciculus*）、棘杆瓜参（*Ohshimella ehrenbergi*）、非洲异瓜参（*Afrocucumis africana*）。我国西沙群岛的海参种类绝大多数都在上述范围内。

温带海域的海参资源种类相对单一，主要分布于太平洋东西两岸。具有较高经济价值的优良品种主要分布在北半球的太平洋沿岸、拉丁美洲沿岸以及北冰洋沿岸，且以刺参科为主，如分布在中国黄渤海海域、日本群岛、朝鲜半岛沿岸的日本刺参（*Stichopus japonicus*）和仿刺参（*Apostichopus japonicus*）；分布在北美洲沿岸的美国红参（*Parastichopus californicus*）；分布在拉丁美洲、加勒比海、墨西哥沿岸的墨西哥刺参（*Isostichopus fuscus*）和北美冰参（*Isostichopus badionotus*）；分布在加利福尼亚半岛到厄瓜多尔沿岸的暗色等刺参（*Isostichopus fuscus*）；分布在地中海和大西洋东部的冰刺参（*Holothuria tubulosa*）等。南半球的海参种类相对较多，但大部分品种食用价值较低。

2 中国主要的海参种类有哪些？

中国产海参约 100 种，具有食用价值的约 20 种（表 2—1）。常见的食用海参均为比较粗壮的圆筒状，根据海参背面是否有圆锥形的棘刺，可分为"刺参"和"光参"两大类。刺参类主要包括刺参科的仿刺参、梅花参、绿刺参和花刺参等。光参类则包含了刺辐肛参、白底辐肛参、乌皱辐肛参、黑海参、玉足海参、黑乳海参、糙海参等。

表 2-1　中国主要的海参种类及其分布

（郭文场等，2007）

中文名称	学名	分布
仿刺参（刺参）	*Apostichopus japonicus*	辽宁、山东、河北
绿刺参（方柱参）	*Stichopus chloronotus*	海南、西沙群岛
花刺参（方参或黄肉参）	*Stichopus variegatus*	台湾、海南、广东、广西、西沙群岛
糙刺参	*Stichopus horrens*	台湾、海南、西沙群岛
刺辐肛参（红鞋参）	*Actinopyga echinites*	台湾、海南、广西、西沙群岛
子安辐肛参（黄瓜参）	*Actinopyga lecanora*	西沙群岛
白底辐肛参（白底靴参）	*Actinopyga mauritiana*	台湾、海南、西沙群岛、南沙群岛
乌皱辐肛参	*Actinopyga miliaris*	海南、西沙群岛
梅花参（凤梨参）	*Thelenota ananas*	台湾、海南、广东、西沙群岛
糙海参（白参或明玉参）	*Holothuria scabra*	台湾、海南、广东、福建、西沙群岛
黑海参	*Holothuria atra*	台湾、海南、西沙群岛
黑赤星海参	*Holothuria cinerascens*	台湾、海南、广东、香港、西沙群岛
黑乳海参	*Holothuria nobilis*	台湾、海南、西沙群岛
红腹海参	*Holothuria edulis*	海南、西沙群岛
玉足海参（乌参或红参）	*Holothuria leucospilota*	台湾、海南、广东、广西、福建
虎纹海参	*Holothuria pervicax*	台湾、海南、福建、广东
米氏海参	*Holothuria moebii*	海南、广东、福建、香港
丑海参	*Holothuria impatiens*	台湾、海南、西沙群岛
图纹白尼参	*Bohadschia marmorata*	海南、西沙群岛
蛇目白尼参	*Bohadschia argus*	西沙群岛

3 全球典型的海参品种有哪些？

仿刺参（*Apostichopus japonicus*）

仿刺参（图2-8和图2-9）属于楯手目（Aspidochirotida）刺参科（Stichopodidae）。活体平均体长约200mm。体壁厚而柔软，呈圆筒状。背面隆起，上有4～6行大小不等、排列不规则的圆锥形疣足；腹面平坦，管足密集，排列成不规则的3纵带。口偏于腹面，具楯形触手20个。肛门偏于背面。生殖腺两束，位于肠系膜两侧。呼吸树发达，但无居维氏器。体壁骨片为桌形体。体色变化较大，背面多为黄褐色或褐色，腹面为浅黄褐色或赤褐色。

仿刺参主要分布于北纬35°—44°的西北太平洋沿岸，北起俄罗斯远东沿海，经过日本海、朝鲜半岛到我国黄海和渤海，江苏省连云港市东部的北平岛是仿刺参在我国自然分布的南限。

图 2-8 *Apostichopus japonicus* 活体

（图片由陈四清提供）

图 2-9　*Apostichopus japonicus* 干制品

　　海参、刺参和仿刺参的区别：海参是棘皮动物门、海参纲中所有动物的统称，下设 3 亚纲、6 目、24 科；仿刺参是我国北方产量最大、品质最优、经济价值最高的海参种类，之前一直被称为"刺参"，直到 1980 年，我国的棘皮动物分类学家廖玉麟研究员将仿刺参从刺参属中分离出来，建立了一个新属——仿刺参属，将仿刺参的分类地位修订为棘皮动物门游走亚门海参纲楯手目刺参科仿刺参属仿刺参，目前人们仍习惯将仿刺参称为刺参或海参。

绿刺参 （*Stichopus chloronotus*）

绿刺参（图 2-10 和图 2-11）属于楯手目（Aspidochirotida）刺参科（Stichopodidae）。活体平均体长约 200mm，最大规格可达 350mm，体形呈四方柱状，故又名"方刺参"。沿身体侧缘和背面步带各有两行交互排列的圆锥形疣足。腹面管足密集，排列为 3 纵带，中央带较宽。口大，偏于腹面，具触手 20 个。肛门偏于背面。体壁骨片主要为桌形体。体色特殊，全体为墨绿色或略带青黑色，疣足末端为橘黄色或橘红色。

图 2-10 *Stichopus chloronotus* 活体

（图片由 Purcell S.W. 提供）

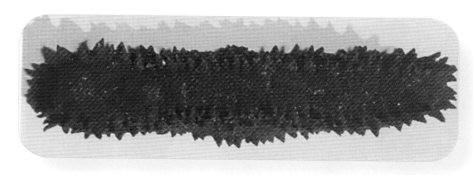

图 2-11 *Stichopus chloronotus* 干制品

（图片由 Purcell S.W. 提供）

花刺参（*Stichopus herrmanni*）

　　花刺参（图2-12和图2-13）属于楯手目（Aspidochirotida）刺参科（Stichopodidae）。活体大多数体长200～400mm，身体比较坚实，横截面呈方形。体色多变，从浅黄色至棕色或橄榄绿色，腹面颜色较浅。有棕色或黑色斑点散布在体表。两排双行的大型疣状乳突，具细的黑色环。腹面管足数量很多，具有退化的桌形体骨片。口在腹面，有8～16个粗壮的触手，触手骨片为带刺、略弯曲的杆状体。肛门位于末端，没有肛门齿和肛门疣环绕。

图2-12　*Stichopus herrmanni* 活体

（图片由 Purcell S.W. 提供）

图2-13　*Stichopus herrmanni* 干制品

（图片由 Purcell S. W. 提供）

糙刺参（*Stichopus horrens*）

　　糙刺参（图 2-14 和图 2-15）属于楯手目（Aspidochirotida）刺参科（Stichopodidae）。活体平均体长约 200mm，直径约 40mm。体呈圆筒状。口大，偏于腹面，具触手 20 个，有发达的疣襟部。肛门偏于背面，周围没有疣。背面具圆锥形大疣足，沿着背面步带和腹侧步带排列成不规则的 4 纵行。腹面管足成 3 纵带排列。体壁骨片有桌形体、不完全花纹样体、C 形体和杆状体。背面为深的橄榄绿色，并间杂有深褐、灰、黑和白色。

图 2-14　*Stichopus horrens* 活体

（图片由 Paulay G. 提供）

图 2-15　*Stichopus horrens* 干制品

慢步等刺参或北美冰参 （*Isostichopus badionotus*）

慢步等刺参（图 2–16 和图 2–17）属于楯手目（Aspidochirotida）刺参科（Stichopodidae）。活体平均体长约 200mm。背面米黄色、黄色、棕色或黑色。身体近圆柱形，前后端钝圆，背面隆起、腹面扁平。背面覆盖着棕黑色的钝疣足。位于体侧缘下部的疣足稍长，圆锥形，带有圆尖。口在腹面，有 20 个触手。肛门位于末端。体壁具有数量众多的桌形体和 C 形杆状体。

图 2–16　*Isostichopus badionotus* 活体

（图片由 Ortiz E. 提供）

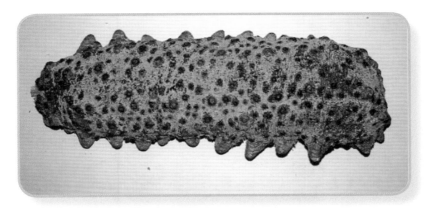

图 2–17　*Isostichopus badionotus* 干制品

加州拟刺参或美国红参 （*Parastichopus californicus*）

加州拟刺参（图 2-18 和图 2-19）属于楯手目（Aspidochirotida）刺参科（Stichopodidae）。活体平均体长 250 ～ 400mm。背面布满棕、红和黄的杂色。幼体趋向于较一致的红色或棕色，无斑点、杂色。身体圆柱状，末端逐渐变细。背面有约 40 个大小不等的肉质疣足，颜色黄色到橘色，末端带红色。腹面淡奶油色，管足数量众多，排成 5 行。口在腹面，有 20 个短的触手。体壁骨片为桌形体和扣状体。

图 2-18　*Parastichopus californicus* 活体

（图片由 Watanabe J. M. 提供）

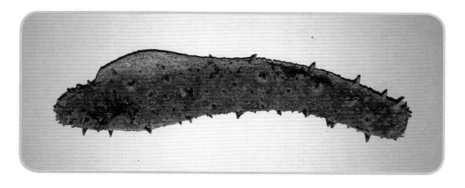

图 2-19　*Parastichopus californicus* 干制品

梅花参 （*Thelenota ananas*）

梅花参（图2-20和图2-21）属于楯手目（Aspidochirotida）刺参科（Stichopodidae）。活体平均体长为450mm，最大规格可达800mm，是体形较大的海参品种。背面疣足较大，呈肉刺状，多个肉刺的基部相连，外形似梅花。腹面管足多而密集，排列不规则。口位于腹面，具触手20个。肛门端位。体壁内骨片大多退化。背面为橙黄色或橙红色，散布黄色和褐色斑点，腹面赤色。

图 2-20 *Thelenota ananas* 活体

（图片由 Purcell S. W. 提供）

图 2-21 *Thelenota ananas* 干制品

白底辐肛参或白底靴参 （*Actinopyga mauritiana*）

　　白底辐肛参（图 2-22 和图 2-23）属于楯手目（Aspidochirotida）海参科
（Holothuriidae）。活体平均体长 300mm。体色棕色至淡红色。口较大，偏于腹面。
触手排列为不规则的内外两圈。背面隆起，散布一些小疣足，疣足基部常伴有
白色环，身体后端的白色环尤为明显。腹面平坦，密布许多管足。后端较为粗壮。
肛门在身体后端，周围有 5 个明显的钙质齿。背面体壁骨片为长短不等的杆状
体和花纹样体，腹面体壁骨片有杆状体、颗粒体和花纹样体。

图 2-22　*Actinopyga mauritiana* 活体

（图片由 Purcell S. W. 提供）

图 2-23　*Actinopyga mauritiana* 干制品

（图片由 Purcell S. W. 提供）

子安辐肛参（*Actinopyga leanora*）

　　子安辐肛参（图 2-24 和图 2-25）属于楯手目（Aspidochirotida）海参科（Holothuriidae）。活体平均体长为 200mm。身体几乎是均匀的米黄色到巧克力棕色，带有一些颜色稍浅的斑。肛门周围通常是典型的白色。背面明显隆起，腹面平坦。少数几个疣足散落在背面。口偏于腹面，带有绿或棕色的触手。肛门末端有 5 个肛门齿。无居维叶氏管。触手骨片为杆状体，体壁骨片为花纹样体。

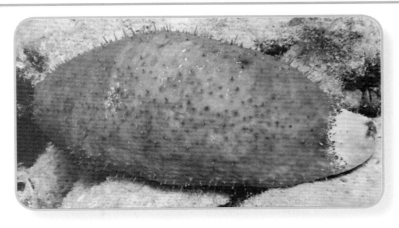

图 2-24　*Actinopyga leanora* 活体

（图片由 Purcell S. W. 提供）

图 2-25　*Actinopyga leanora* 干制品

（图片由 Purcell S. W. 提供）

乌皱辐肛参 （*Actinopyga miliaris*）

乌皱辐肛参（图 2-26 和图 2-27）属于楯手目（Aspidochirotida）海参科（Holothuriidae）。活体平均体长约 250mm。体型粗壮，圆筒形，背面略隆起，腹面稍扁平。背面棕色到微黑色，腹面浅棕色。背面有细长的管足，且多数覆盖黏液。口偏于腹面，有 20 个粗壮的棕色到黑色的触手。肛门周围有 5 个坚硬的肛门齿。无居维叶氏管。触手骨片为大且有刺的杆状体，体壁骨片为花纹样体。

图 2-26 *Actinopyga miliaris* 活体

（图片由 Purcell S. W. 提供）

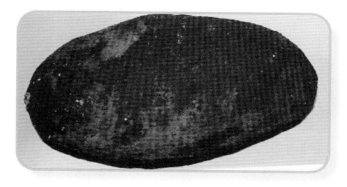

图 2-27 *Actinopyga miliaris* 干制品

（图片由 Purcell S. W. 提供）

蛇目白尼参（*Bohadschia argus*）

　　蛇目白尼参（图2-28和图2-29）属于楯手目（Aspidochirotida）海参科（Holothuriidae）。活体平均体长360mm，最大规格长度可达600mm。体呈圆筒状，稍扁平。体色鲜艳，为浅黄色或浅褐色。口偏腹面，触手20个。肛门开口很大。疣足很小，管足较多。背面具许多直径为5～7mm的蛇目状斑纹，排列成不规则的纵行，斑纹周边有一黑色环，环内为黄色或白色，中央为黑色小疣。背部骨片为纤细的X形花纹样体，腹部骨片为葡萄状花纹样体或卵圆形颗粒体。

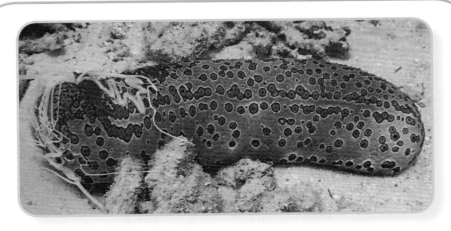

图2-28　*Bohadschia argus* 活体

（图片由 Purcell S.W. 提供）

图2-29　*Bohadschia argus* 干制品

（图片由 Purcell S.W. 提供）

图纹白尼参 （*Bohadschia marmorata*）

图纹白尼参（图 2-30 和图 2-31）属于楯手目（Aspidochirotida）海参科（Holothuriidae）。活体平均体长约 180mm，最大规格长度可达 260mm。身体圆柱状，腹面扁平，两端逐渐变细，表面光滑，腹面白色到奶油色，有细长的管足。背面通常呈棕褐色，带有棕色的斑块。触手骨片为细杆状体，体壁背面骨片为花纹样体，腹面骨片为颗粒体。

图 2-30　*Bohadschia marmorata* 活体

（图片由 Purcell S. W. 提供）

图 2-31　*Bohadschia marmorata* 干制品

（图片由 Aubry E. 提供）

黑海参（*Holothuria atra*）

黑海参（图2-32和图2-33）属于楯手目（Aspidochirotida）海参科（Holothuriidae）。活体平均体长约200mm。全身黑褐色，体呈细圆筒状，前端常比后段略细。口偏于腹面，触手20个。肛门端位。背面疣足小，排列无规则。腹面管足较多，排列亦无规则，管足末端白色，表面常粘有细沙。体壁薄，骨片包括桌形体和花纹样体。

图2-32　*Holothuria atra* 活体

（图片由 Purcell S. W. 提供）

图2-33　*Holothuria atra* 干制品

（图片由 Purcell S. W. 提供）

玉足海参（*Holothuria leucospilota*）

　　玉足海参（图 2-34）属于楯手目（Aspidochirotida）海参科（Holothuriidae）。平均体长约 300mm。身体黑褐色或紫褐色，腹面色泽较浅，呈圆筒状，前端常比后端细。口偏于腹面，具触手 20 个。背面散布少数疣足，排列不规则。腹面管足较多，排列也无规则。疣足和管足呈皱纹状皱缩。触手无骨片，体壁骨片为桌形体和扣状体。

图 2-34 *Holothuria leucospilota* 活体

（图片由 Purcell S. W. 提供）

墨西哥海参（*Holothuria mexicana*）

墨西哥海参（图 2-35 和图 2-36）属于楯手目（Aspidochirotida）海参科（Holothuriidae）。活体平均体长约 300mm，最大规格长度可达 500mm。身体前后端钝圆，背面和侧面具有较大的皱褶。背面光滑、不平，有疣状突起，呈深棕色、灰色或黑色。腹面颜色变化很大，口偏于腹面，具 20～22 个盾状触手。触手骨片为杆状体和花纹样体，体壁骨片为桌形体和花纹样体。

图 2-35 *Holothuria mexicana* 活体

（图片由 SIMAC-INVEMAR 提供）

图 2-36 *Holothuria mexicana* 干制品

（图片由 Solís-Marín F. A. 提供）

糙海参 （*Holothuria scabra*）

糙海参（图 2-37 和图 2-38）属于楯手目（Aspidochirotida）海参科（Holothuriidae）。活体平均体长约 240mm。身体椭圆形，颜色不固定，在东南亚地区，通常是黑色、灰色或淡棕绿色，带有灰黑色横纹。在印度洋海域，通常为深灰色，带有白色、米黄色或黄色的横纹。腹面呈白色或浅灰色，带有细小的黑点。口在腹面，有 20 个小的灰色触手。肛门在末端，无肛门齿。没有居维叶氏管。触手骨片为带刺的杆状体，体壁骨片为桌形体和扣状体。

图 2-37　*Holothuria scabra* 活体

（图片由 Purcell S. W. 提供）

图 2-38　*Holothuria scabra* 干制品

（图片由 Purcell S. W. 提供）

叶瓜参 *（Cucumaria frondosa）*

叶瓜参（图 2-39 和图 2-40）属于枝手目（Dendrochirotida）瓜参科（Cucumariidae）。活体平均体长 250 ~ 300mm。身体圆柱形，背面稍弯曲，两端逐渐变细。体色为浅棕色或深棕色，口和触手附近的颜色趋向微黄。口位于前段，具 5 对枝状触手。当受到外界刺激时，身体会蜷缩成近似球形。触手骨片为杆状体或穿孔板体，体壁骨片是大小不同的穿孔板体。

图 2-39 *Cucumaria frondosa* 活体

（图片由 Hamel J. F. 和 Mercier A. 提供）

图 2-40 *Cucumaria frondosa* 干制品

（图片由 Purcell S. W. 提供）

日本瓜参 *(Cucumaria japonica)*

日本瓜参（图 2-41 和图 2-42）属于枝手目（Dendrochirotida）瓜参科（Cucumariidae）。活体平均体长约 200mm。身体圆柱形，较粗壮，背面隆起，两端逐渐变细。当被触碰时，身体会几乎变成球形。体色棕色或灰紫色。管足和小疣足以 5 条细纵行排列于体表。口在前端，有 5 对枝状触手，触手微红色。肛门位于末端。

图 2-41 *Cucumaria japonica* 活体

（图片由 Sanamyan N. 提供）

图 2-42 *Cucumaria japonica* 干制品

（图片由 Akamine J. 提供）

象鼻参 （*Holothuria fuscopunctata* Jaeger）

象鼻参（图 2-43 和图 2-44）属于楯手目（Aspidochirotida）海参科（Holothuriidae）。活体平均体长约 480mm。身体粗壮，近椭圆形，背面隆起，腹面扁平。背面有褶皱（形似象鼻），颜色为金黄色至浅棕色或奶油色，腹面白色。口在腹面，有 20 个粗壮的触手。肛门周围有 5 组疣足。没有居维叶氏管。触手骨片为直的杆状体。体壁具有数量众多的桌形体和椭球形扣状体。

图 2-43　*Holothuria fuscopunctata* 活体

（图片由 Purcell S. W. 提供）

图 2-44　*Holothuria fuscopunctata* 干制品

暗色等刺参或墨西哥刺参 *(Isostichopus fuscus)*

　　暗色等刺参（图 2—45 和图 2—46）属于楯手目（Aspidochirotida）刺参科（Stichopodidae）。活体体长 200 ～ 240mm。身体近圆柱形，背面隆起，呈深褐色，带有粗壮、黄色的疣足，疣足无序排列。腹面扁平，呈浅棕色，管足密集，腹面中间的管足排列成 2 行，两侧各 1 行。口位于腹面，有 20 个黄色的带有吸盘的触手。肛门位于末端，无肛门齿。触手骨片为弯曲杆状体。体壁骨片为桌形体和 C 形杆状体。

图 2-45　*Isostichopus fuscus* 活体

（图片由 Purcell S. W. 提供）

图 2-46　*Isostichopus fuscus* 干制品

（*Holothuria tubulosa*）

　　冰刺参（图2-47和图2-48）属于楯手目（Aspidochirotida）海参科（Holothuriidae）。活体长度在200～450mm。体呈圆柱状，具有扁平的底座，底座上有3排纵向的管脚。体壁韧如皮革，一般呈棕色，腹部颜色较浅。皮肤表面覆盖着许多深色、圆锥形、刺状的乳突。在它的前端有一条短而扁平的触须，口在前端，肛门在后端。

图2-47　*Holothuria tubulosa* 活体

图2-48　*Holothuria tubulosa* 干制品

第三章

海参的营养与功效

▶ 第一节　海参的营养价值

 海参中含有哪些营养组分?

　　海参是一种典型的高蛋白、低脂肪水产品。海参蛋白属于优质蛋白，含有多种人体必需氨基酸，尤其是甘氨酸、丙氨酸、精氨酸、脯氨酸等含量较高，氨基酸是合成蛋白质的物质基础。海参含有维生素 A、维生素 D、维生素 E、B族维生素等，为人体生长和代谢所必需。海参尽管脂质含量不高，但必需脂肪酸种类齐全，如亚油酸、亚麻酸、二十碳五烯酸（EPA）、二十二碳六烯酸（DHA）等，这些脂肪酸具有多种生理功能。海参含有多种人体必需的常量和微量元素，尤其是铁、锌含量较高。铁参与构成血红蛋白；锌是多种酶的组成成分，在核酸和蛋白质代谢中发挥重要作用，被誉为"生命之花"和"智力之源"。除此以外，海参含有海参多糖、海参皂苷、活性脂质等非常独特的功效成分，有利于人体健康。综上，海参是一种营养价值极高的水产品。

科普小知识

　　营养素是食物中可以被人体吸收的供给人体用于组织更新、产生能量和维持生理活动等所需要的物质。人体所需的六大营养素分别是碳水化合物（糖类）、脂肪、蛋白质、维生素、水和无机盐。另外，膳食纤维被称作人体所需的第七大营养素。

海参特有的功效成分有哪些?

(1) 海参胶原蛋白
||||||||||||||||||||||||||||||||||||||

蛋白质是海参各种营养成分中含量最高的一类物质。海参体壁中的蛋白质主要为胶原蛋白，比例高达70%。胶原蛋白高度交联后形成胶原纤维，在海参的生命活动中发挥重要的生理功能。胶原蛋白的生化性质对海参加工、产品贮藏都有巨大的影响。

胶原蛋白是由动物细胞合成的一种生物高分子，是细胞外基质中的一种结构蛋白。提取到的胶原蛋白一般是白色、透明的粉状物，分子呈细长的棒状，相对分子质量在 $2 \times 10^3 \sim 3 \times 10^5$。胶原蛋白具有很强的延伸力，同时具有良好的保水性和乳化性。胶原蛋白不溶于冷水、稀酸、稀碱，不易被一般的蛋白酶水解，但能被动物胶原酶断裂，断裂的碎片自动变性，可被普通蛋白酶水解。一般的蛋白质是双股螺旋结构，而胶原蛋白是由三条多肽链构成的三股螺旋结构，即三条左旋多肽链形成左手螺旋结构，再以氢键相互咬合形成牢固的右手超螺旋结构，这种三股螺旋结构是胶原蛋白的基本特征（图3-1）。螺旋区段最大特征是氨基酸呈现 Gly-X-Y 周期性排列，其中 X、Y 位置常为脯氨酸（Pro）和羟脯氨酸（Hyp），是胶原蛋白特有的氨基酸。与陆生动物相比，水生动物中的胶原蛋白，其脯氨酸和羟脯氨酸的总量少。

胶原蛋白家族已发现的类型多达21种，常见类型为Ⅰ型、Ⅱ型、Ⅲ型、Ⅴ型和Ⅺ型。Ⅰ型胶原蛋白主要分布于皮肤、肌腱等组织，也是水产品加工废弃物（皮、骨和鳞）中含量最多的蛋白质，在医学上的应用最为广泛。在鱼类中，Ⅰ型胶原一个最显著的特点是热稳定性比较低，并呈现出鱼种的特异性。Ⅱ型胶原蛋白由软骨细胞产生。Ⅴ型胶原蛋白通常是指细胞外周胶原蛋白，在结缔组织中大量存在。Ⅺ型胶原是软骨的微量成分，在软骨胶原纤维的形成和软骨基质的组成中起着重要作用，且常与Ⅱ型胶原共存。

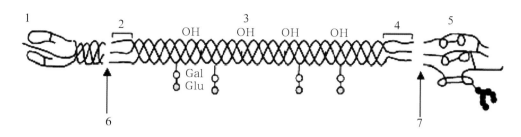

图 3-1　胶原蛋白的分子结构示意

（Vuorio et al., 1990）

关于海参胶原的结构类型，迄今为止仍不十分明确。研究人员发现加州海参的胶原蛋白由 3 条 α_1 链组成；日本刺参体壁中的胶原蛋白富含丙氨酸、羟脯氨酸，但羟赖氨酸含量较少，其胶原类型类似于脊椎动物的Ⅰ型胶原，组成为 $(\alpha_1)_2\alpha_2$；中国产仿刺参的胶原蛋白由 3 条 α_1 链组成，其亚基组成类似于Ⅰ型胶原。

在氨基酸组成上，仿刺参胶原蛋白符合典型胶原蛋白的氨基酸组成，其中甘氨酸含量最高，约占氨基酸总量的 1/3；丙氨酸、谷氨酸、脯氨酸、羟脯氨酸和天冬氨酸含量较高，而组氨酸、酪氨酸、甲硫氨酸含量较低。亚氨酸（脯氨酸和羟脯氨酸）是胶原蛋白的特征性氨基酸，羟脯氨酸不是以现成的形式参与胶原的生物合成，而是从已经合成的胶原肽链中的脯氨酸经羟化酶作用转化而成。

海参的营养价值不如鸡蛋？"吃海参不如吃鸡蛋"是非常片面的说法。鸡蛋是非常好的蛋白质来源，而海参不仅含有丰富的蛋白质，还含有海参多糖、海参皂苷、活性脂质、多种微量元素等，这些是鸡蛋所不具有的。另外，海参蛋白与鸡蛋蛋白是两种不同类型的蛋白，营养价值和功能有很大差异。

鸡蛋和海参的营养一样吗？

鸡蛋与海参可食部营养成分含量对比（干基）

成分	鸡蛋	海参
蛋白质（%）	52.95	52.92
脂肪（%）	41.08	4.30
海参多糖（%）	0	7.12
皂苷（%）	0	0.40
胆固醇（mg/100g）	1 205.47	0

注：鸡蛋为海兰褐蛋鸡产，海参为仿刺参。

（2）海参多糖

海参多糖又称海参黏多糖、海参硫酸多糖或海参蛋白多糖，是海参中一类重要的活性成分。海参多糖可以分为两类，一类为海参糖胺聚糖（holothurian glycosaminoglycan，HG），是由D–N–乙酰氨基半乳糖、D–葡萄糖醛酸和L–岩藻糖组成的分支杂多糖，与硫酸软骨素类似，所以也被称为海参硫酸软骨素（图3–2）；另一类为海参岩藻聚糖（holothurian fucoidan，HF），是由L–岩藻糖构成的直链均一性多糖（图3–3）。两者的单糖组成虽不同，但糖链上都有部分羟基发生硫酸酯化，且硫酸酯化程度均在30%左右。

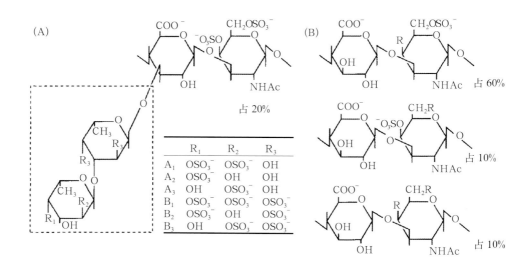

图 3-2　日本刺参（*Stichopus japonicus*）糖胺聚糖（HG）的可能结构

（Kariya et al.，1997）

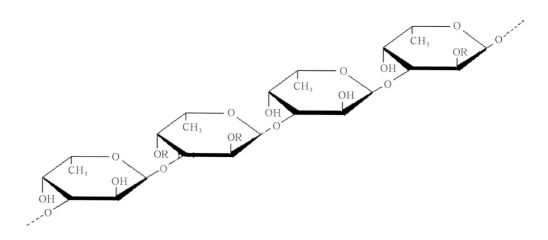

图 3-3　海地瓜岩藻聚糖（HF）中四糖重复单元的化学结构（R=SO₃H）

单糖是海参多糖的重要组成部分，如岩藻糖、半乳糖、葡萄糖和甘露糖等。海参多糖中岩藻糖含量最高，为 10.97% ~ 20.25%，半乳糖含量在 1.35% ~ 3.80%，甘露糖含量在 0.38% ~ 0.95%。

硫酸基是海参多糖另一类重要的组成成分。多糖羟基的硫酸酯化不仅增加了多糖的溶解性，还改变了多糖的构象，因此是决定其生物活性的重要因素。几种常见海参多糖的硫酸基含量在 19.54% ~ 29.28%。墨西哥海参多糖的硫酸基含量较高，中国产仿刺参和日本刺参多糖的硫酸基含量相对较低，分别为 19.54% 和 20.13%，但含量低并不意味着活性不高，因为硫酸基的活性不仅与其含量有关，更取决于它在多糖结构上的取代位置。

（3）海参皂苷

海参皂苷是海参的次生代谢产物，也是其进行化学防御的物质基础。海参受到天敌攻击时，会将居维氏器官从体腔中伸出，随后释放出含有皂苷成分的白色或葡萄酒色液体物质作为防御工具。目前，已有超过 100 种海参皂苷的结构得到解析，并被证实具有抗肿瘤、溶血、抗菌等多种生理功能，是海参中的一类重要的活性成分。

不同品种海参的皂苷含量往往差异较大。比如革皮氏海参的皂苷含量较高，达到 3.514%，而糙海参的皂苷含量最低，仅为 0.205%，相差达 16 倍之多。即使同一种类海参，其皂苷含量也会因不同的产地、参龄等而有所差异。

海参皂苷由苷元和寡糖链两部分组成，相对分子质量在 600 ~ 1 500。海参皂苷的化学结构复杂多样，引起苷元结构变化的因素有侧链的结构、内酯环的变化、双键的位置以及 12、16、17 位上的取代基。引起寡糖链结构变化的因素有单糖的连接位置和顺序、单糖的组成和数目、硫酸酯基的连接位置和数目等。

目前发现的海参皂苷苷元多为羊毛甾三萜结构，分为烷型和非烷型两类。

绝大部分的海参皂苷属于烷型（图3-4），目前已发现70余种海参烷型三萜皂苷。根据16位碳的取代情况，海参烷型三萜皂苷又分为16位无取代的海参烷型三萜皂苷（图3-5）和16位酮基或乙酰基取代的海参烷型三萜皂苷（图3-6）。

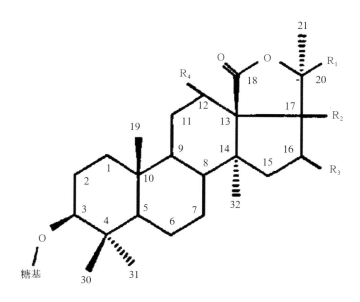

图 3-4　海参皂苷的烷型苷元结构

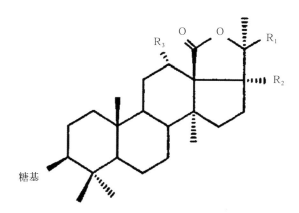

图 3-5　16位无取代的海参烷型三萜皂苷

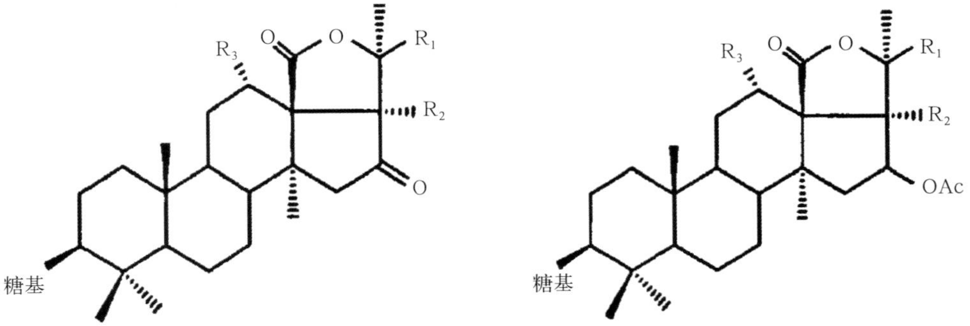

图 3-6　16 位酮基（左）或乙酰基（右）取代的海参烷型三萜皂苷

　　非烷型海参皂苷发现得较少，其特征是苷元上有 18(16)− 内酯键或者无内酯键。如从五角瓜参（*Pentacta australis*）中分离得到的海参皂苷，苷元上无内酯键结构（图 3−7）。从 *Pentamera calcigera* 中分离得到的海参皂苷，具有 18(16)−内酯结构（图 3−8）。

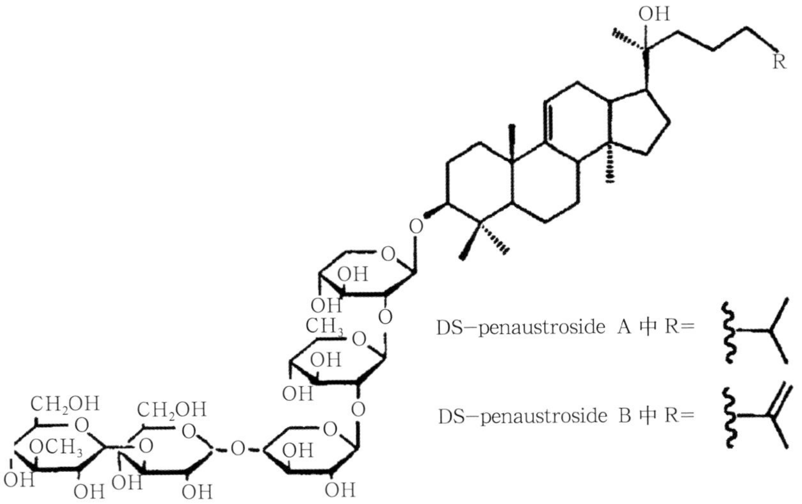

图 3-7　五角瓜参（*Pentacta australis*）中的非烷型三萜皂苷

（Kalinin et al.，1997）

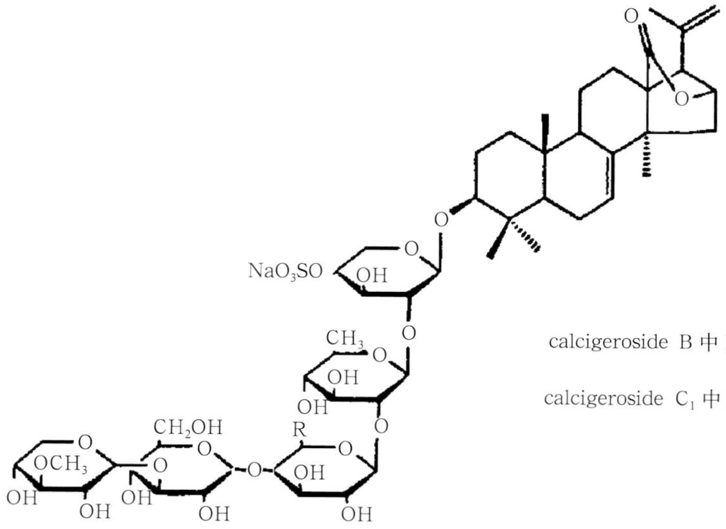

calcigeroside B 中 R=CH$_3$

calcigeroside C$_1$ 中 R=CH$_2$OH

图 3-8　*Pentamera calcigera* 中的非烷型三萜皂苷

（Avilov et al.，2000）

　　海参皂苷的糖链通过 β−O− 糖苷键和苷元的 C−3 相连，且以木糖为第一连接单糖。糖链一般由 2 ～ 6 个单糖组成，常见的如木糖（Xyl）、3−O− 甲基木糖（3−O−MeXyl）、奎诺糖（Qui）、葡萄糖（Glc）、3−O− 甲基葡萄糖（3−O−MeGlc）等。某些单糖上的羟基常常发生硫酸酯化。如从北大西洋瓜参（*Cucumaria fron-dosa*）中分离得到的海参皂苷 frondooside B 含有两个硫酸酯取代基（图 3−9）。从日本瓜参（*Cucumaria japonica*）中分离得到的海参皂苷 cucumarioside A$_7$−1、A$_7$−2、和 A$_7$−3 中含有三个硫酸酯取代基（图 3−10）。糖链上不含硫酸酯取代基的皂苷主要见于刺参科，如从花刺参（*Stichopus variegatus*）中分离得到的海参皂苷 stichloroside A$_1$、B$_1$ 和 C$_1$ 就属于这种类型（图 3−11）。

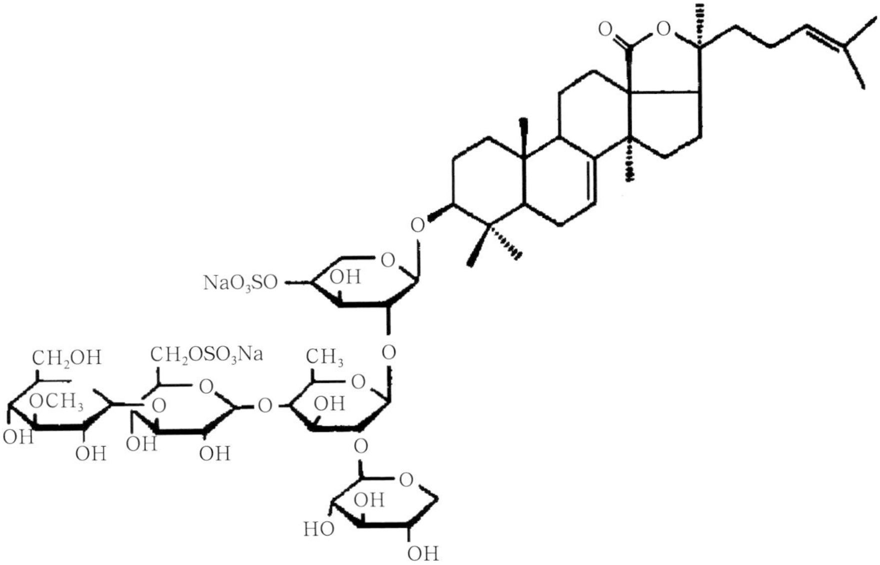

图 3-9　北大西洋瓜参（*Cucumaria frondosa*）皂苷 frondooside B 结构

（Findlay et al.，1992）

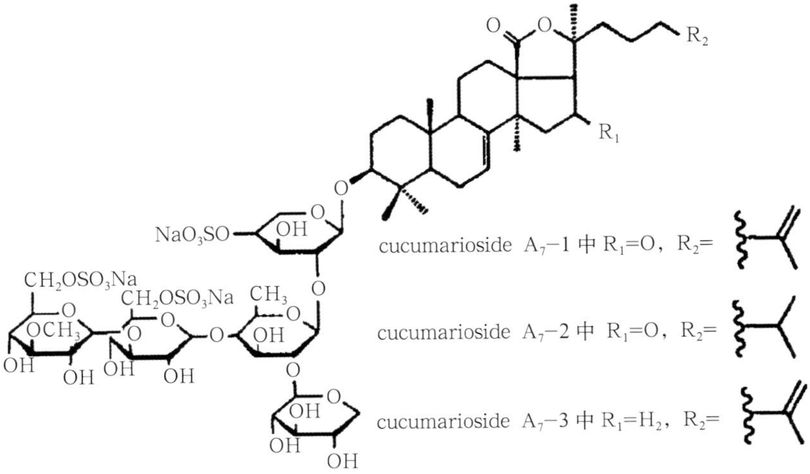

cucumarioside A_7-1 中 R_1=O, R_2=

cucumarioside A_7-2 中 R_1=O, R_2=

cucumarioside A_7-3 中 R_1=H_2, R_2=

图 3-10　日本瓜参（*Cucumaria japonica*）皂苷 cucumarioside A_7-1、A_7-2、和 A_7-3 结构

（Drozdova et al., 1993）

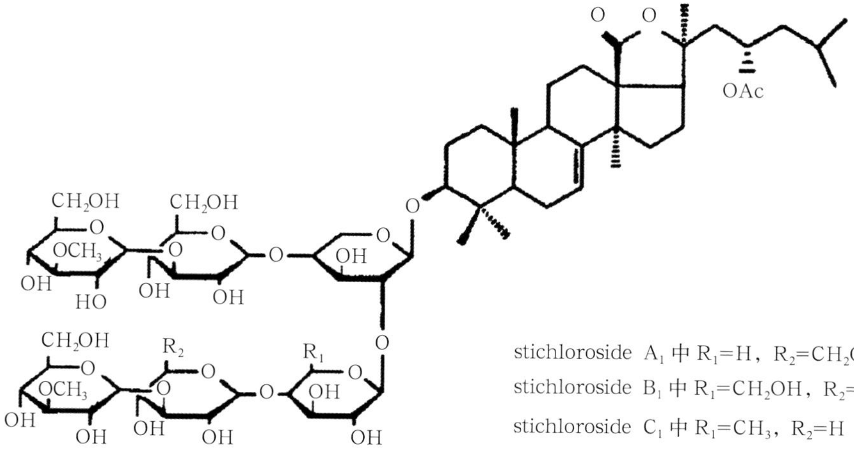

stichloroside A₁ 中 R₁=H，R₂=CH₂OH
stichloroside B₁ 中 R₁=CH₂OH，R₂=H
stichloroside C₁ 中 R₁=CH₃，R₂=H

图 3-11　花刺参（*Stichopus variegatus*）皂苷 stichlorosides A₁、B₁ 和 C₁ 结构

（Stonik et al.，1982）

科普小知识

　　皂苷一词由英文名 saponin 意译而来，源于拉丁语的 sapo，意为肥皂。皂苷是苷元为三萜或螺旋甾烷类化合物的一类糖苷，主要分布于陆地高等植物中（如人参、桔梗、甘草、柴胡等），也存在于海星、海参等海洋棘皮动物中。

第二节　仿刺参的营养价值

 目前国内市场上销售的海参主要是什么品种？营养组成如何？

仿刺参（*Apostichopus japonicus*）是我国目前海参市场上的主要品种。影响仿刺参基本营养组成的因素有很多，如地域、季节、参龄、养殖模式等。表3-1汇总了过去10年来国内外有关仿刺参基本营养组成的研究报道以及海参加工技术研发分中心研究团队的检测数据，折算为干基进行统计，仿刺参的粗蛋白质含量为（52.92±7.41）%，粗灰分含量为（28.48±7.72）%，粗脂肪含量为（4.30±2.12）%，海参多糖含量为（7.12±3.07）%，海参皂苷含量为（0.40±0.17）%。粗蛋白质对应的标准差变异系数（*C.V*）最小，为14.0%；其次是粗灰分，*C.V* 为27.1%；粗脂肪对应的 *C.V* 高达49.3%，说明仿刺参的脂肪含量受环境因素的影响较大；海参多糖和海参皂苷对应的 *C.V* 也很高，不仅与上述原因有关，还可能与检测时所采用的方法不同有关。

表 3-1 我国仿刺参（*Apostichopus japonicus*）基本营养组成（以干基计，%）

序号	粗蛋白质	粗灰分	粗脂肪	海参多糖	海参皂苷	原料状态		产地	参考文献
1	54.17	28.36	1.09	2.08	未测	鲜参，1月		辽宁大连	李丹彤等，2006
2	42.55	36.61	3.87	3.79	未测	鲜参，5月		辽宁大连	李丹彤等，2006
3	42.30	27.50	2.53	7.30	未测	鲜参，8月		辽宁大连	李丹彤等，2009
4	38.37	32.95	3.95	5.36	未测	鲜参，11月		辽宁大连	李丹彤等，2009
5	46.67	31.38	3.08	3.90	未测	鲜参，野生		山东烟台	王际英等，2009
6	39.1	51.04	3.93	未测	未测	鲜参，稚参（体长<1cm）		山东烟台	宋志东，2009
7	38.26	47.39	4.61	未测	未测	鲜参，稚参（体长<2cm）		山东烟台	宋志东，2009
8	43.92	42.7	3.32	未测	未测	鲜参，幼参（体长<7cm）		山东烟台	宋志东，2009
9	49.58	39.31	2.97	未测	未测	鲜参，成参（体长>7cm）		山东烟台	宋志东，2009
10	40.11	40.34	6.48	19.09	—	鲜参，体壁		山东荣成	袁文鹏等，2010
11	65.40	16.52	11.11	5.30	—	鲜参，肠腺		山东荣成	袁文鹏等，2010
12	59.32	17.25	9.95	8.49	—	鲜参，呼吸树		山东荣成	袁文鹏等，2010
13	57.10	33.12	未测	5.03	未测	鲜参，体壁		辽宁大连	Sun et al.，2010
14	66.88	10.14	未测	1.88	未测	鲜参，肠腺		辽宁大连	Sun et al.，2010
15	65.38	10.24	未测	1.47	未测	鲜参，性腺		辽宁大连	Sun et al.，2010
16	49.75	27.5	6.56	7.47	0.06	鲜参，体壁		山东乳山	刘小芳等，2011
17	34.90	36.85	6.29	1.08	0.02	鲜参，内脏		山东乳山	刘小芳等，2011

（续）

序号	粗蛋白质	粗灰分	粗脂肪	海参多糖	海参皂苷	原料状态	产地	参考文献
18	48.81	36.52	6.83	4.55	未测	鲜参，1龄	辽宁大连	韩华，2011
19	41.23	36.82	6.62	12.13	未测	鲜参，2龄	辽宁大连	韩华，2011
20	48.15	32.39	10.87	5.43	未测	鲜参，3龄	辽宁大连	韩华，2011
21	54.82	25.73	未测	10.19	0.81	鲜参，野生	山东青岛	王哲平等，2012
22	59.13	20.74	未测	9.27	0.62	鲜参，养殖	山东青岛	王哲平等，2012
23	52.08	23.71	3.67	未测	未测	鲜参，北方养殖	辽宁大连	张春丹，2013
24	67.05	22.15	2.47	未测	未测	鲜参，南方养殖	浙江宁波	张春丹，2013
25	48.71	未测	未测	8.09	0.52	鲜参	江苏温州	苏来金等，2014
26	55.57	33.5	4.81	未测	未测	鲜参，鱼礁区养殖	河北南戴河	万玉美，2015
27	53.62	28.7	7.53	未测	未测	鲜参，池塘养殖	河北南戴河	万玉美，2015
28	53.04	23.94	2.32	未测	未测	鲜参，近海围堰	辽宁大连	王贵滨，2015
29	51.22	25.06	1.65	未测	未测	鲜参，浅海养殖（水深15m)	辽宁大连	王贵滨，2015
30	50.32	27.96	1.69	未测	未测	鲜参，深海养殖（水深36m)	辽宁大连	王贵滨，2015
31	39.34	未测	1.52	未测	未测	鲜参，工厂化养殖	辽宁大连	高磊等，2016
32	39.03	未测	2.24	未测	未测	鲜参，池塘养殖	辽宁大连	高磊等，2016
33	53.41	未测	2.50	未测	未测	鲜参，底播养殖	辽宁大连	高磊等，2016
34	47.73	未测	1.86	未测	未测	鲜参，野生	辽宁大连	高磊等，2016

（续）

序号	粗蛋白质	粗灰分	粗脂肪	海参多糖	海参皂苷	原料状态	产地	参考文献
35	45.66	38.04	3.72	12.28	未测	鲜参，底播养殖	山东烟台	王鹤等，2017
36	43.17	40.96	3.83	10.72	未测	鲜参，围堰养殖	山东烟台	王鹤等，2017
37	39.05	23.25	3.85	8.46	未测	鲜参，围堰养殖	福建福州	王鹤等，2017
38	43.92	32.7	3.32	8.36	0.61	鲜参，底播养殖	辽宁大连	采集
39	49.58	29.31	2.97	9.5	0.53	鲜参，底播养殖	辽宁大连	采集
40	52.35	22.34	6.47	10.23	0.29	鲜参，围堰养殖	辽宁大连	采集
41	60.18	19.33	4.21	7.44	0.5	鲜参，围堰养殖	辽宁大连	采集
42	52.36	26.58	3.87	6.21	0.53	鲜参，池塘养殖	辽宁大连	采集
43	51.57	33.12	3.65	7.39	0.37	鲜参，池塘养殖	辽宁大连	采集
44	49.58	28.17	4.11	6.59	0.46	鲜参，池塘养殖	河北	采集
45	51.55	30.65	3.67	7.77	0.51	鲜参，池塘养殖	河北	采集
46	53.26	26.04	4.29	6.43	0.55	鲜参，池塘养殖	河北	采集
47	56.33	31.38	3.36	6.9	0.42	鲜参，池塘养殖	山东烟台	采集
48	49.85	31.15	5.93	8.37	0.36	鲜参，围堰养殖	山东烟台	采集
49	48.34	27.16	4.61	7.99	0.59	鲜参，围堰养殖	山东烟台	采集
50	60.46	23.46	3.25	7.23	0.42	鲜参，池塘养殖	山东青岛	采集
51	58.12	28.34	3.37	5.28	0.39	鲜参，池塘养殖	山东青岛	采集

（续）

序号	粗蛋白质	粗灰分	粗脂肪	海参多糖	海参皂苷	原料状态	产地	参考文献
52	55.38	27.5	2.23	8.35	0.28	鲜参，池塘养殖	山东青岛	采集
53	54.22	25.75	2.79	9.88	0.33	鲜参，池塘养殖	山东青岛	采集
54	57.18	28.33	4.06	7.33	0.46	鲜参，围堰养殖	山东青岛	采集
55	52.33	29.02	4.81	6.28	0.38	鲜参，围堰养殖	山东青岛	采集
56	49.31	33.57	5.27	7.5	0.36	鲜参，围堰养殖	山东青岛	采集
57	53.82	26.28	4.35	5.37	0.30	鲜参，池塘养殖	江苏	采集
58	55.3	30.16	3.82	6.04	0.25	鲜参，池塘养殖	江苏	采集
59	46.27	38.21	3.69	5.92	0.43	鲜参，池塘养殖	江苏	采集
60	60.34	24.14	6.22	5.52	0.24	鲜参，吊笼养殖	福建	采集
61	50.19	27.36	5.57	7.07	0.35	鲜参，吊笼养殖	福建	采集
62	49.32	31.53	5.82	4.28	0.17	鲜参，吊笼养殖	福建	采集
63	54.93	28.85	6.01	5.91	0.28	鲜参，吊笼养殖	福建	采集
平均值	52.92	28.48	4.30	7.12	0.40			
标准差	7.41	7.72	2.12	3.07	0.17			
变异系数	14.0	27.1	49.3	43.1	42.5			

　　灰分是指食品或食品原料经 550 ~ 600℃高温灼烧，有机物质全部氧化后剩余的残渣，主要是矿物质氧化物或盐类等无机物质。灰分是标示食品中无机成分总量的一项指标。

　　海参粗灰分含量高与海参体内的内部骨骼（学名为骨片）和沙嘴（学名为石灰环，图 3-12）有关。海参产品粗灰分含量高还与加工过程中使用的盐、草木灰等有关。

图 3-12　仿刺参的沙嘴（石灰环）

养殖与"野生"仿刺参在营养价值方面差别大吗？

　　人工养殖的仿刺参在营养、品质、安全性等方面与野生仿刺参是否存在差异，一直是海参产业和消费者关注的问题。一般而言，水生经济动物经过养殖后，由于生长环境和饵料的改变，其营养成分会与野生群体有一定的差异。通过对同一季节、同一海域的野生和养殖仿刺参的化学组成进行对比分析，发现与野生仿刺参相比，养殖仿刺参的粗蛋白质含量较高而海参多糖和海参皂苷含量略低（表3-2）；必需氨基酸总量差异较小，但养殖仿刺参鲜味氨基酸和药效氨基酸总量稍低（表3-3）；养殖仿刺参的钾、钠、镁、钙等常量元素含量均低于野生仿刺参，野生仿刺参的微量元素比例也优于养殖仿刺参（表3-4）。

科普小知识

　　现在所谓的"野生海参"并不是指自然繁育的纯野生海参，而是指在生长过程中没有经过人工干预、在自然海域生长的"底播海参"，也就是大海里撒苗、自然长大的海参。

表3-2　野生和养殖仿刺参的化学组成（以干基计，%）

营养成分	野生仿刺参	养殖仿刺参
灰分	25.73±0.20	20.74±0.17**
盐分	18.47±0.41	15.40±0.69*
粗蛋白质	54.82±0.39	59.13±0.71**
胶原蛋白	39.43±0.38	40.37±1.41
海参多糖	10.19±0.17	9.27±0.29*
海参皂苷	0.81±0.11	0.62±0.10*

注：*表示差异显著（$P<0.05$），**表示差异极显著（$P<0.01$）。

表 3-3　野生与养殖仿刺参氨基酸组成（以干基计，%）

氨基酸种类	野生仿刺参	养殖仿刺参
天冬氨酸[bc]　Asp	5.54±0.06	3.72±0.02
谷氨酸[bc]　Glu	4.95±0.02	4.09±0.02
甘氨酸[bc]　Gly	8.72±0.04	8.68±0.03
丙氨酸[b]　Ala	6.86±0.05	6.70±0.05
缬氨酸[a]　Val	2.03±0.02	1.95±0.02
蛋氨酸[ac]　Met	1.06±0.01	1.04±0.01
异亮氨酸[a]　Ile	2.18±0.03	2.07±0.02
亮氨酸[ac]　Leu	3.31±0.02	3.11±0.02
苯丙氨酸[ac]　Phe	1.65±0.01	1.57±0.01
赖氨酸[ac]　Lys	2.46±0.02	2.29±0.03
苏氨酸[a]　Thr	2.63±0.03	2.50±0.02
组氨酸[a]　His	1.04±0.01	0.94±0.01
精氨酸[abc]　Arg	4.79±0.03	4.81±0.02
丝氨酸　Ser	3.62±0.02	3.76±0.02
酪氨酸[c]　Tyr	1.17±0.01	1.08±0.01
脯氨酸　Pro	3.14±0.03	1.68±0.01
必需氨基酸总量	21.16±0.26	20.28±0.22*
鲜味氨基酸总量	30.86±0.31	28.00±0.28**
药效氨基酸总量	33.66±0.39	30.39±0.35**
氨基酸总量	55.17±0.35	49.99±0.26**

　　注：a 表示必需氨基酸，b 表示鲜味氨基酸，c 表示药效氨基酸，* 表示差异显著（$P<0.05$），** 表示差异极显著（$P<0.01$）。

表3-4　野生与养殖仿刺参无机元素含量

元素	野生仿刺参	养殖仿刺参
钠 (g/kg)	63.12±1.11	55.49±0.75**
钾 (g/kg)	5.45±0.15	5.06±0.13*
镁 (g/kg)	8.56±0.21	7.44±0.15**
钙 (g/kg)	15.12±0.19	8.82±0.15**
铁 (mg/kg)	85.48±1.60	33.42±0.91**
锰 (mg/kg)	6.29±0.18	6.92±0.12*
铜 (mg/kg)	3.16±0.10	1.88±0.05**
锌 (mg/kg)	39.10±1.56	41.02±1.15

注：* 表示差异显著（$P<0.05$）；** 表示差异极显著（$P<0.01$）。

 海参花是什么？营养价值如何？

仿刺参是雌雄异体，性腺位于背侧，附着在肠系膜上，通过生殖管与体外相连。在非性成熟期，仿刺参雄、雌性腺的外观差异很小，性成熟时，雄性海参和雌性海参会同时将配子释放到海水中受精繁殖。仿刺参性腺即通常所说的"海参花"（图3-13）。在日本，海参花被加工成丸剂、片剂或胶囊产品，价格极其昂贵。

研究发现，仿刺参雄、雌性腺的营养成分组成有很大差异（表3-5）。与雌性性腺相比，雄性性腺的蛋白质和灰分含量显著偏高（$P<0.05$），而脂肪含量显著偏低（$P<0.05$）。在脂肪酸组成上，雄、雌性腺均是以不饱和脂肪酸为主，尤其是$C_{20:5n-3}$（EPA）含量高。雄、雌性腺水解氨基酸组成较为接近，均属

图 3-13　海参花

（白色为雄性海参的性腺，红色为雌性海参的性腺）

海参花是什么？

于优质蛋白质。仿刺参雄、雌性腺中海参多糖含量分别达 2.92% 和 3.57%。雌性生殖腺中还含有很高的皂苷含量。仿刺参性腺中微量元素含量高且种类丰富，雌性性腺的人体必需微量元素总含量高于雄性（表 3—6）。

由此可见，海参花营养价值高，可以说是汇聚了海参的精华，具有非常好的开发利用前景，适宜用来开发营养强化型产品、功能脂质产品等。

表 3-5　仿刺参雄、雌性腺基本营养组成（以干基计，%）

成分	雄性	雌性
蛋白质	75.82±0.58	48.05±0.37*
脂肪	7.93±0.31	15.70±0.52*
灰分	12.47±0.15	10.35±0.08*
海参多糖	2.92±0.06	3.57±0.10*
海参皂苷	0.30±0.02	4.77±0.04*

注：＊表示差异显著（$P<0.05$）。

表 3-6　仿刺参雄、雌性腺无机元素组成

元素种类	雄性	雌性
常量元素（mg/kg）		
钠	1 341.1	2 113.1
镁	236.3	222.2
钾	436.0	433.5
磷	14.2	6.9
微量元素（μg/kg）		
*铁	10 800	9 300
*铜	2 500	2 100
*锌	7 900	27 000
锶	4 200	6 000
锂	15.5	17.5
硼	314.8	353.8
硅	368.6	469.3
钛	220.7	334.6
钒	29.7	21.0
*铬	37.1	22.9
锰	932.2	1 169.7
镍	115	111.7
*钴	47.8	62.4
镓	23.9	23.8
锗	1.0	0.9

（续）

元素种类	雄性	雌性
*硒	85.3	118.8
铷	1 389.3	1 308.2
锆	26.1	18.2
钡	189.6	190.7
铌	0.9	0.6
*钼	80.3	111.1
钌	0.3	220.9
铑	0.2	0.3
银	2.5	4.3
铟	0.3	0.2
锑	5.0	6.3
锡	43.8	37.8
碲	0.6	1.1
铯	4.5	2.4
铪	0.7	0.7
钨	1.3	2.8
铂	0.2	0.3
金	16.2	14.5
铋	4.3	1.9
铊	—	3.1

注：*为人体所必需的微量元素。

▶ 第三节　不同海参品种的营养价值差异

 市场上常见的其他海参品种在营养组成上差别大吗？

除仿刺参外，海地瓜、梅花参、乌皱辐肛参、糙海参等是我国海参市场上较为常见的品种，经济和食用价值较高。表3-7汇总了国内市场上常见海参品种的基本营养组成。不同品种的海参在基本营养组成方面差别很大，其中粗蛋白质含量为54.80%～81.22%，灰分含量为1.43%～22.05%，粗脂肪含量为0.10%～3.74%，海参多糖含量为0.47%～20.25%。即便是同一品种的海参，其营养成分的含量也有很大的差异。

 进口的海参品种主要有哪些？营养价值如何？

近年来，进口海参以野生的概念和价格优势进入我国市场。目前国内市场上的进口海参主要有12种，分别是子安辐肛参、智利瓜参、黑海参、绿刺参、慢步等刺参、红刺参、冰刺参、暗色等刺参、黑北极参、糙刺参、阿拉斯加红参、黄秃参。

进口海参在营养组成上存在很大差异（表3-8）。蛋白质是海参的主要组成成分，不同品种海参的蛋白质含量存在一定差异。在所检测的12组样本中，粗蛋白质含量为73.58%～87.31%，冰刺参蛋白质含量最高。灰分含量方面，红刺参含量最高，冰刺参含量最低。海参多糖含量为7.86%～13.15%，糙刺参海参多糖含量最高。

表 3-7　不同品种海参基本营养组成（以干基计，%）

品种	粗蛋白质	灰分	粗脂肪	海参多糖	原料来源	参考文献
白底辐肛参	78.92	3.21	3.74	0.47	广州当地市场	韦丁等, 2009
白肛海地瓜	54.80	22.05	0.42	1.12	象山隅山岛海域	侯付景等, 2010
糙海参	69.61	18.35	1.12	3.56	西沙群岛	王远红等, 2010
糙海参	81.01	1.43	1.40	1.23	湛江当地市场	肖宝华等, 2014
糙海参	70.75	3.12	1.6	未测	广州当地市场	韦丁等, 2010
荡皮海参	72.32	5.48	0.41	2.56	西沙群岛	王远红等, 2010
海地瓜	73.11	16.35	0.89	未测	浙江沿海	王磊等, 2014
海地瓜	81.22	10.33	0.23	3.62	福建宁德海域	苏永昌等, 2016
海地瓜	80.20	9.38	0.50	1.49	江苏当地市场	董晓弟等, 2013
黑乳参	80.73	9.25	0.10	2.28	西沙群岛	王远红等, 2010
黑乳参	70.80	8.52	1.33	2.53	江苏当地市场	董晓弟等, 2013
花刺参	73.81	10.20	1.51	14.30	西沙群岛	王远红等, 2010
棘辐肛参	70.42	8.48	1.76	7.23	西沙群岛	王远红等, 2010
裸五角瓜参	75.40	12.83	0.83	8.90	舟山海域	史青青等, 2015
绿刺参	68.94	10.11	2.09	18.84	西沙群岛	王远红等, 2010
梅花参	63.02	12.49	3.20	20.25	西沙群岛	王远红等, 2010
沙海参	79.41	3.12	3.27	8.64	广州当地市场	陈健等, 2010
乌皱辐肛参	73.80	14.20	0.91	2.02	江苏当地市场	董晓弟等, 2013

表 3-8　12 种海参粗蛋白质、海参多糖、灰分含量（以干基计，%）

种类	粗蛋白质	海参多糖	灰分
子安辐肛参	82.69±0.49	10.38±0.18	4.13±0.11
智利瓜参	80.17±0.38	9.16±0.21	4.10±0.13
黑海参	86.74±0.51	8.42±0.13	4.55±0.09
绿刺参	73.58±0.35	12.53±0.19	7.96±0.23
慢步等刺参	80.96±0.42	11.46±0.25	6.69±0.15
红刺参	76.26±0.33	9.87±0.27	8.71±0.26
冰刺参 *	87.31±0.29	8.82±0.18	2.97±0.09
暗色等刺参 *	83.35±0.36	8.04±0.21	8.02±0.12
黑北极参	87.20±0.64	7.86±0.16	4.40±0.10
糙刺参	74.64±0.29	13.15±0.31	8.30±0.33
阿拉斯加红参	78.83±0.45	9.91±0.15	5.47±0.12
黄秃参	82.93±0.43	8.14±0.17	5.03±0.14

注：＊样品由美丽石岛品牌提供。

　　12 种海参的常量元素组成见表 3-9。常量元素中以钙含量最高，其中暗色等刺参钙含量高达 18.21g/kg，钠、镁含量次之，钾、磷含量较低。微量元素组成见表 3-10。微量元素中铁含量最高，锌次之，钒含量最低。不同海参品种之间同一元素的含量差别较大，智利瓜参锌含量最高，为 513.6mg/kg，子安辐肛参锌含量最低，为 10.4mg/kg；慢步等刺参钴含量最高，为 146.3mg/kg；红刺参钴含量最低，为 0.07mg/kg。12 种海参均含有丰富的铁、锌、铜和硒等元素。

铁在氧气运输、细胞分裂生长和神经递质合成方面发挥着重要作用；锌能刺激金属硫蛋白的合成；硒是人体必需的矿物质营养素，主要通过食物摄取，它可以提高人体免疫力，还可以增强生殖功能、提高精子的质量，这也是中医认为海参是补肾壮阳佳品的原因之一。

12 种海参虽然在营养成分上存在一定的差异，但均富含蛋白质、海参多糖以及人体所需的矿物质元素，具有较高的营养价值。

表 3-9 12 种海参常量元素含量（以干基计，g/kg）（$n=6$）

种类	钠	镁	钾	磷	钙
子安辐肛参	1.67	2.65	0.10	0.16	5.76
智利瓜参	1.63	2.48	0.12	0.54	6.04
黑海参	1.51	2.34	0.08	0.17	5.30
绿刺参	5.49	5.15	0.31	0.37	13.44
慢步等刺参	7.59	2.34	0.20	0.18	6.80
红刺参	8.55	3.05	0.17	0.56	7.37
冰刺参	2.41	1.04	0.04	0.40	6.74
暗色等刺参	6.17	5.45	0.16	0.46	18.21
黑北极参	3.59	2.84	0.13	0.25	4.94
糙刺参	5.49	4.18	0.21	0.53	11.34
阿拉斯加红参	5.27	2.40	0.15	0.66	7.19
黄秃参	4.68	2.48	0.08	0.22	4.02

表 3-10　12 种海参微量元素含量（以干基计，mg/kg）（$n=6$）

种类	钒	锰	铁	钴	镍	铜	锌	硒	钼	钡
子安辐肛参	0.3	1.2	184.4	0.2	1.4	5.8	10.4	2.7	9.8	5.1
智利瓜参	0.8	2.2	290.0	0.2	1.5	6.6	513.6	4.0	0.5	8.5
黑海参	0.5	1.0	185.7	0.1	4.1	11	17.9	1.5	1.4	6.9
绿刺参	0.4	1.4	302.4	0.1	2.6	5.6	27.4	3.0	9.0	3.4
慢步等刺参	0.2	1.1	204.8	146.3	6.7	13.9	24.1	1.5	—	1.1
红刺参	0.8	3.9	140.7	0.07	1.1	4.5	15.4	2.9	1.5	3.0
冰刺参	1.0	4.5	261.3	0.1	1.7	6.6	11.7	2.2	—	2.9
暗色等刺参	0.5	9.1	356.2	0.1	1.4	4.6	57.4	1.9	—	3.3
黑北极参	1.7	9.9	420.3	0.2	2.5	16.1	34.0	2.6	13.0	3.8
糙刺参	0.7	6.0	220.9	0.1	1.6	5.2	26.2	3.0	11.3	6.0
阿拉斯加红参	0.7	5.2	203.6	0.1	0.8	3.5	32.3	4.0	0.3	4.8
黄秃参	0.4	9.8	467.6	0.1	1.4	12.2	14.0	1.4	0.6	3.9

注："—"表示未检出。

▶ 第四节　海参的功效与人体健康

　　我国传统中医认为，海参有补肾益精、益气养血等功效，适当食用海参能促进细胞再生、损伤修复，还能提高机体免疫力，从而达到保养身体、增强体质的作用。

　　在过去的几十年里，已经有以海参为主配制药膳或食疗组方治疗再生障碍性贫血、糖尿病等取得良好效果的报道。海参在健脾、润燥、壮骨、益智、明目、补血、养颜、乌发等方面的作用得到了广泛认同。另外，在病人术后以及孕妇产后康复过程中所拟订的各种药膳或食疗组方中，海参也得到了广泛的应用。

　　随着科学的发展和分析技术的不断进步，科研人员采用化学、药理学、分子生物学、细胞学、蛋白质组学等技术手段对海参各类成分进行了生物活性方面的广泛研究（图3-14），不仅印证了中医临床经验所归纳的海参的医疗保健功能，而且还发现了海参许多新的活性。

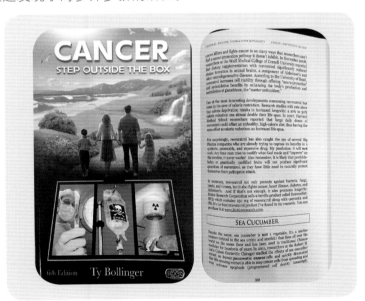

图 3-14　Bollinger 编著的 *Cancer，Step Outside the Box*

海参可以提高免疫力吗？

海参中的多种成分具有提高免疫力的作用。动物实验表明，海参皂苷可以提高正常小鼠的细胞免疫和非特异性免疫功能。对于免疫功能低下的小鼠，海参皂苷能显著提高血清溶血素含量，促进体液免疫功能和迟发型变态反应，提高脾淋巴细胞的增殖能力，从而提高小鼠的细胞免疫功能。此外，海参皂苷还能显著促进小鼠腹腔巨噬细胞的吞噬率和吞噬指数，促进非特异性免疫功能。海参多糖也能显著提高动物体的细胞免疫和非特异性免疫功能，并可以改善和增强因荷瘤或使用化学药物引起的动物体免疫功能低下的状况。

 海参可以调节血糖吗？

糖尿病是一种由遗传和环境因素相互作用而引起的临床综合征。近年来，糖尿病的患病率呈现出全球性的上升趋势，已成为继心脑血管病、癌症后严重危害人类健康的第三大疾病。据世界卫生组织估计，到2025年，全球糖尿病患者将突破3亿，控制糖尿病及其并发症已成为世界各国面临的严峻挑战。

海参中的多种成分具有调节血糖的作用，如海参中的岩藻聚糖硫酸酯能显著降低糖尿病小鼠空腹血糖、胰岛素水平，具有降血糖和改善胰岛素抵抗的作用；海参皂苷可以通过增加脂联素的含量、抑制 α-糖苷酶活性来调节糖代谢，从而显著改善糖耐量受损、胰岛素抵抗现象；海参脑苷脂及其主要结构单元——神经酰胺对胰岛素抵抗也具有改善作用。

 海参可以降血脂吗？

血脂是血浆中的中性脂肪（三酰甘油）和类脂（磷脂、糖脂、固醇、类固醇）的总称。血脂水平过高可直接引起一些疾病，如动脉粥样硬化、冠心病、胰腺炎等，严重危害人体健康。

海参能显著降低正常大鼠肝脏中三酰甘油的含量，对实验性高胆固醇血症大鼠同样具有脂质代谢调节能力；海参多糖对高脂饮食所致小鼠血脂升高有明显抑制作用，可有效预防高脂血症和动脉硬化危险；海参岩藻聚糖硫酸酯能有效抑制体重增加和脂肪蓄积，显著减少血清和肝脏脂质的积累，具有降血脂作用。

 海参可以抗凝血、抗血栓吗？

血液凝固是一系列丝氨酸蛋白酶相继激活的过程，肝素是临床上最常用的抗凝剂，广泛应用于血栓栓塞性疾病的预防和治疗，但具有较大的副作用。海参多糖可以作用于凝血过程的多个环节，除有抗凝血、降低血液黏度的作用外，还有促进脂肪代谢的作用，且未见明显的副作用；海参硫酸软骨素能够作用于内源凝血途径，通过抑制血栓素的生成和调控血友病因子含量来抑制血栓形成。

 海参可以改善老年期痴呆症吗？

全球老年期痴呆症呈逐年增加的趋势，目前全世界约有 3 600 万名患者。阿尔茨海默症性痴呆是老年期痴呆中最常见的一种类型。

海参中的脑苷脂和磷脂具有很好的神经保护作用，这种保护作用是通过减少细胞内乳酸盐脱氢酶的泄漏、维持细胞膜的完整性、提高细胞的抗氧化能力、下调促凋亡基因的表达、抑制神经细胞凋亡实现的。海参磷脂还可以改善阿尔茨海默症模型小鼠的学习记忆能力障碍。

 海参可以抗肿瘤吗？

肿瘤是机体在各种致癌因素作用下，局部组织的某一个细胞在基因水平上失去对其生长的正常调控，导致其克隆性异常增生而形成的新生物。肿瘤是一类全身性疾病的局部表现，即使致癌因素停止作用后，仍然会继续过度增生。

目前肿瘤的治疗一般采用放疗、化疗以及手术的方法，除此之外，药膳或食疗是辅助治疗或预防肿瘤的重要途径。

海参中含有多种抗肿瘤活性成分，如海参皂苷、海参多糖、海参活性脂质等，这些活性成分在肿瘤发生、发展以及转移的不同阶段都可以发挥抑制作用，有望开发成新的抗癌药物。

随着科学的发展和分析技术的不断进步，科研人员采用化学、药理学、分子生物学、细胞学、组学等技术手段对海参各类成分进行了生物活性方面的广泛研究，不仅印证了中医临床经验所归纳的海参的医疗保健功能，而且还发现了海参许多新的活性。由此可见，坚持长期食用海参对人体健康和预防疾病大有裨益。

第四章

海参产品与质量

第一节　海参加工与产品类型

 海参是如何加工的？

海参的采捕时间在我国辽宁、山东等北方地区主要集中在春季 4—5 月和秋冬季 10—12 月，在福建等南方地区主要集中在春季 3—4 月。采捕后的活海参会发生"自溶"，因此需要尽快加工处理。

海参是如何捕捞的？（1）

海参是如何捕捞的？（2）

下面以干海参为例介绍其加工工艺：

1　去脏

1.1　表面杂质较多的活海参应进行清洗，去除表面的泥沙等杂质。

1.2　从近尾端剖开海参腹部，切口宜占参体长度的 1/3 左右，清除海参体腔内的肠腺、生殖腺等内脏及杂质。

2 清洗、初选

2.1 将去脏后的海参清洗，去除污物。

2.2 初选，挑出过大或过小的海参，保持规格的均匀。

3 预煮

3.1 将初选后的海参放入 70 ～ 100℃ 水中预煮 8 ～ 30min，待海参外皮紧致，刺硬时捞出，预煮时应注意翻动，防止海参贴在锅底，及时去掉浮沫。

3.2 预煮后的海参可直接进入干燥工序。

3.3 若需盐渍可进入盐渍工序。

4 盐渍

4.1 预煮后的海参捞出，放入食品级容器中，加适量盐拌匀常温放置 8 ～ 12h，也可再加入饱和盐水。

4.2 浸泡后的盐渍海参捞出后，可直接进入干燥工序。

4.3 不能及时加工的盐渍海参，放入 −18℃ 以下冷库中保存备用。

5 脱盐

5.1 需要脱盐的海参，盐渍后放入低于 40℃ 的水中，加热至约 80℃ 浸泡，脱盐 1.5 ～ 4h。

5.2 脱盐后的海参可直接进入干燥工序。

6 整形

将蒸煮锅内的水烧开并倒入海参，根据参体饱满度和棘的坚挺度控制蒸煮时间，约 1 ～ 5min 后捞出。

7 干燥

7.1 干燥方式可采用机械烘干或自然干燥。

7.2 采用机械烘干时，温度宜控制在 40℃ 以内，并配置强流动空气辅助干燥。

7.3 海参平铺在干燥帘上，置于晾晒场或烘房内进行干燥，并保持通风。

需要时，干燥过程中可进行罨蒸，具体操作为将干海参装箱（袋）密封放置 12 ～ 48h，使其水分由内部向表层均匀扩散。

7.4 应随时检查海参的颜色、干湿度。

7.5 需要时，在干燥过程中，可按照整形工序进行多次整形。

8 分选与检验

干燥后的产品进行规格分选，检验后进行等级分选。

9 包装与贮存

　　检验合格后的产品密封包装，内包装材料应具有一定的耐压性和韧性，包装内可添加柔软的垫材，保持干海参外观品相，包装材料应符合相关食品安全标准规定，每批产品附检验合格证。产品应贮存于阴凉干燥处，防止受潮、日晒、虫害、有害物质的污染和其他损害。

　　随着科学技术的进步，海参加工技术不断提高，机械化与自动化设备的应用也极大推动了海参加工产业的发展，涌现出一批现代化加工车间（图4-1）。

<table>
<tr><td>海参清洗设备</td><td>海参加工流水线</td></tr>
<tr><td>海参冷风干燥设备</td><td>产品分拣流水线</td></tr>
<tr><td>产品包装线</td><td>产品仓储</td></tr>
<tr><td>产品检测与质控</td><td>加工车间总览</td></tr>
</table>

图 4-1　现代化海参加工车间

（图片由美丽石岛品牌提供，系美丽石岛在美国洛杉矶圣迪马斯市的海参加工车间）

2 市场上主要的海参产品类型有哪些?

目前，市场上的海参制品琳琅满目，既有盐干海参、淡干海参、冻干海参、免煮速发干海参、盐渍海参、即食海参、水发海参、低温（低压）海参等海参原形产品，也有海参肽、海参口服液、海参胶囊等深加工产品。另外还有添加海参成分的海参（保健）酒、海参牛乳等产品。其中干海参由于方便携带与流通，且可以较长时间贮存，仍是市场中的主流产品。

假如干海参有段位？！

（1）盐渍海参

盐渍海参又称拉缸盐海参（图 4-2），由鲜海参经去内脏、清洗、预煮、盐渍加工而成。盐渍海参是海参加工的中间产品，主要用作各种干海参、水发海参、即食海参等的加工原料，同时也是北方沿海地区消费者经常购买的一种产品类型。盐渍海参价格相对便宜，但需冷冻保存。盐渍海参食用前需进行脱盐、去牙、清洗，再经过蒸煮、浸泡发制至可食用状态。

图 4-2　盐渍海参

（2）盐干海参
||||||||||||||||||||||||||||

　　盐干海参（图 4-3）通常是以盐渍海参为原料，经烤参、干燥等工序加工而成；也可以用鲜参做原料，经去内脏、清洗、煮制、盐渍、烤参、干燥而成。盐干海参具有加工设备简单、成本低、可在常温条件下长时间贮存的特点。盐干海参在加工过程中用盐较多，主要是为了脱水和防腐，因此盐干海参个体一般比淡干海参大，产品中盐含量较高，根据《食品安全国家标准　干海参》（GB 31602—2015）的规定不得高于 40%；有些不法商贩为了增重，在加工中多次裹盐，导致产品中盐分含量超过 40%，甚至高达 70% 以上，损害了消费者利益，属于不合格产品。

图 4-3　盐干海参

（3）淡干海参
|||||||||||||||||||||||||

　　淡干海参（图 4-4）通常是以盐渍海参为原料，经脱盐、整形、干燥等工

序加工而成；也可以用鲜参做原料，经去内脏、清洗、煮制、整形、干燥而成。淡干海参盐分含量低（≤ 20%），其个头一般比盐干海参小，但其蛋白质含量和复水后干重率高，发制时复水效果明显优于盐干海参。

图4-4 淡干海参

糖干海参、料干海参是生产者为了降低干海参成本，添加蔗糖或麦芽糊精等加工成的，是一种掺杂造假行为，严重不符合《食品安全国家标准 干海参》的规定。其产品特点是：刺挺直，饱满，色泽统一，外形美观，卖相非常好看，普通消费者很难通过外观识别，具有很大的欺骗性。同样原料海参加工出来的糖干海参、料干海参的个头比淡干海参还大，但糖干海参、料干海参的胀发率和复水干重率明显低。

（4）冻干海参

冻干海参（图4-5）是将海参水发后经真空冷冻干燥脱水加工而成。冻干海参的含水量极低，存贮方便，保质期长达数年，且食用非常方便，只需在水中浸泡几个小时即可达到食用状态。冻干海参的加工成本相对较高，泡发后的体积基本不变，但泡发后口感绵软，弹性差。

图4-5　冻干海参

（5）即食海参

即食海参（图4-6）分为常温即食海参和冷冻即食海参两类。常温即食海参是以鲜参、盐渍海参或干参等为原料，经清洗、去脏、发制、调味、杀菌等工序制成的产品，采用真空包装或充氮气包装，开袋即食。常温即食海参需冷藏保存，保质期一般不超过3个月。

　　冷冻即食海参是新鲜海参经去内脏、清洗、煮制、去牙、水发等工序加工制成，或者以盐渍海参、干海参为原料，经浸泡、去牙、清洗、煮制、水发等工序加工制成。产品需冷冻储存，保质期一般 12 个月以上，食用时解冻即可烹制，满足了消费者方便快捷的需求。

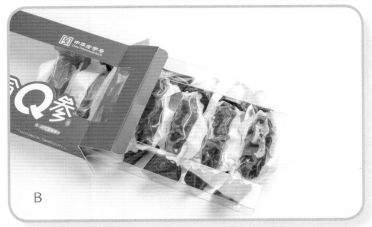

图 4-6　常温即食海参和冷冻即食海参

A. 常温即食海参　B. 冷冻即食海参

（6）海参口服液

这类产品是通过对海参进行酶解，再经过滤、调味、灌装、杀菌制成，部分产品同时添加了其他具有保健功效的成分（图4-7）。这类产品具有食用方便、营养物质易被吸收的特点，但这类产品已经脱离海参原形，消费者在选购这类产品时往往持十分谨慎的态度。

图4-7　海参口服液

（7）海参肽等功效成分提取物

这类产品注重海参的保健功能，如海参肽、海参多糖制剂等。它们多是将海参酶解、分离纯化，从海参中提取所需成分后，单独或与其他功效成分复配制成片剂、胶囊等（图4-8）。该类产品市场价位较高，主要针对一些有保健需求的特殊人群。

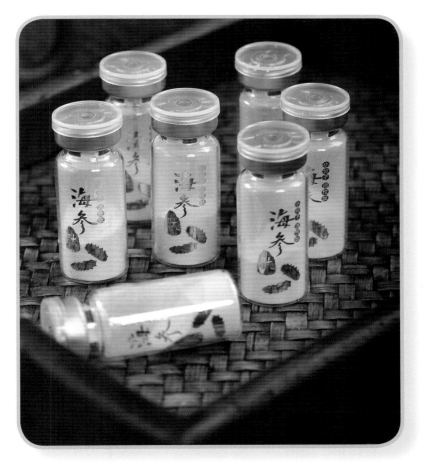

图 4-8 海参肽

（8）免煮速发型干海参

传统的干海参食用前需经过多次的浸泡、煮制，整个发制过程需 3 ～ 5d 才能完成，食用不方便，而且发制过程造成较大程度的营养损失。近年来，免煮速发型干海参（图 4-9）受到广大消费者的欢迎。免煮速发型干海参是采用低温熟化和低温干燥技术加工而成的，其最大的特点是无须进行烦琐的发制，只需将干参置于保温容器中，添加热水 8 ～ 12h 后即发制完成，达到可食用状态。

图 4-9　免煮速发型干海参

　　免煮速发型干海参的质量指标也明显优于传统的盐干海参，蛋白质和海参多糖含量更高，盐分含量极低，复水后干重率高达 75% 以上。免煮速发型干海参在发制过程中蛋白质和海参多糖的损失率也明显低于盐干海参。

表 4-1　免煮速发型干海参和普通干海参质量指标的对比（%）

指标	免煮速发型干海参	普通干海参	《食品安全国家标准　干海参》（GB 31602—2015）的要求
水分	8.37±0.09	7.64±0.12	≤ 15
灰分	7.27±0.15	28.93±0.23**	未作要求
盐分	3.47±0.05	24.24±0.34**	≤ 40
粗蛋白质	76.52±0.49	53.89±0.78**	≥ 40
海参多糖	10.55±0.11	7.25±0.17*	未作要求
复水后干重率	75.8	57.5	≥ 40

　　注：* 表示差异显著（$P<0.05$），** 表示差异极显著（$P<0.01$）。

● 第二节　海参标准与质量评价

 国内外与海参相关的标准有哪些？

　　国外仅有日本农林标准《干海参》（1956 年实施，1969 年修订），标准中质量评定以感官指标为主，理化指标仅规定了水分小于 22%。未见其他国家和地区有关海参（刺参）质量标准的报道。

　　目前我国已经制定了涵盖海参种质、苗种、养殖、饲料、加工技术规范、检测方法、产品等领域的相关标准，截至 2018 年 5 月我国海参相关的国家标准和行业标准见表 4-2。

　　2011 年国家立项制定《食品安全国家标准　干海参》，由中国水产科学研究院黄海水产研究所负责起草。经过 5 年的努力，该标准已经发布（标准号 GB 31602—2015），并于 2016 年 11 月 13 日正式实施。根据《食品安全法》第二十五条关于"食品安全标准是强制执行的标准"的规定，《食品安全国家标准　干海参》属于强制性标准，所有生产经营者都要执行，市场上干海参必须符合该标准的要求。GB 31602—2015 的主要质量指标见表 4-3。

表 4-2 海参相关的部分国家标准和行业标准（详见附录）

序号	标准名称	标准号	备注
1	食品安全国家标准 干海参	GB 31602	国家标准
2	地理标志产品 大连海参	GB/T 20709	国家标准
3	海参及其制品中海参皂苷的测定 高效液相色谱法	GB/T 33108	国家标准
4	水产配合饲料 第 7 部分：刺参配合饲料	GB/T 22919.7	国家标准
5	干海参等级规格	GB/T 34747	国家标准
6	盐渍海参	SC/T 3215	行业标准
7	速食干海参	SC/T 3307	行业标准
8	即食海参	SC/T 3308	行业标准
9	刺参及其制品中海参多糖的测定 高效液相色谱法	SC/T 3049	行业标准
10	刺参 亲参和苗种	SC/T 2003	行业标准
11	刺参增养殖技术规范 亲参	SC/T 2003.1	行业标准
12	绿色食品 海参及制品	NY/T 1514	行业标准

注：标准使用时应以最新版本为准。

表 4-3　GB 31602—2015 中干海参的主要质量指标

项　目	要　求
色泽	黑褐色、黑灰色、灰色或黄褐色等自然色泽，表面或有白霜，色泽较均匀
气味	具海参特有的鲜腥气味，无异味
状态	呈海参自然外观，允许有少量石灰质露出，刺参棘挺直、基本完整
蛋白质（g/100g）	≥ 40
水分（g/100g）	≤ 15
盐分（g/100g）	≤ 40
水溶性总糖（g/100g）	≤ 3
复水后干重率（g/100g）	≥ 40
含沙量（g/100g）	≤ 3
污染物限量	应符合 GB 2762 中棘皮类的规定
兽药残留限量	应符合农业部公告第 235 号的规定

　　由于干海参产品是不能直接食用的，需要经过清洗、浸泡、水煮等多个步骤发制后才能达到可食用状态，直接检测干海参产品中的各种污染物及兽药残留值，不能代表消费者所食用的、经过复水发制后的海参的污染状况。我国对水产品污染物及兽药残留的规定是以鲜活状态来计的，因此多次出现合格的鲜活海参加工出的干海参污染物及兽药残留指标不合格的现象。根据《食品安全国家标准　食品中污染物限量》（GB 2762—2012）中 3.5 条的规定"干制食品中污染物限量以相应食品原料脱水率或浓缩率折算。脱水率或浓缩率可通过对食品的分析、生产者提供的信息以及其他可获得的数据信息等确定"，由此，《食品安全国家标准　干海参》（GB 31602—2015）规定干海参中的污染物和兽药残留检测以复水发制后的海参为检测样品进行检测，这种做法更加科学、合理。

2 干海参质量鉴别的关键指标有哪些？

复水后干重率是指将干海参经过浸泡、煮制和泡发等过程进行复水，在此过程中干海参体内被掺加的物质如盐、糖和胶类等溶于水中，再将海参烘干，所得到干物质质量占干海参质量的百分比。复水后干重率是考察海参质量的重要指标，其值越高意味着海参中的外源添加物（糖和盐等）越少，能够较好地表征海参质量的优劣。

在复水过程中，海参中的蛋白质、海参多糖等营养物质也会有不同程度的流失，从而造成复水后干重率测定结果偏低。因此，有必要对干海参复水后干重率的测定条件进行深入探讨，为合理测定复水后干重率、科学鉴别干海参质量提供科学依据。为保证干海参复水后干重率测定结果的科学性和准确性，应在满足外源性物质充分溶出的前提下，尽可能缩短煮制时间，建议采用以下条件：浸泡 24h，切成约 5mm 段煮制 20min，泡发 24h。该条件下糖干海参中盐分溶出99.9%，外源性糖溶出 97.5%，外源性糖残留量占干海参总质量的 0.90%，且蛋白质损失相对较少。

外源性糖的检测对于干海参产品质量评定和市场监管具有重要意义。糖干海参中水溶性总糖适宜采用苯酚－硫酸法检测，该方法可以有效检出添加蔗糖和麦芽糊精的糖干海参和料干海参，水溶性总糖含量大于 3% 的干海参可以判定为掺糖干海参。

教你五秒识别海参的优劣！

如何评价海参的口感？

随着人民生活水平的不断提高和健康意识的不断增强，人们在追求食品营养和保健功效的同时，也越来越重视食品的外观、口感、滋味等感官品质。其中利用感官鉴别的方法对食品进行评判分析，是食品品质评价常用的方法，但主观评价的人为误差较大，实验结果的可靠性、可比性差。质构仪所反映的主要是与力学特性有关的食品质构特征，其结果具有较高的灵敏性与客观性，并可进行准确的量化处理，从而可以更加客观全面地评价食品。

质构仪（图4—10）在食品研究中的应用越来越广泛，国外学者已将其应用到谷物、果蔬、糕点、乳制品、肉制品等多个领域。国内有关食品质构的研究相对滞后，且多集中在粮油、果蔬和禽畜产品方面。近几年来，质构分析在水产品中的应用逐渐增多，而有关海参质构测定方法的研究报道较少。

全质构测试（texture profile analysis，TPA）又称二次咀嚼实验，是综合描述食品物性的经典方法。TPA通过模拟人体口腔的咀嚼运动，对固体半固体样品进行两次压缩，根据探头感应到力的情况得出质构测试曲线（图4—11）。通过TPA可以获得测试对象的硬度、弹性、黏聚性、咀嚼性等多个物性学指标。然而，TPA方法在应用时要求测试的样本尽量整齐、均一，海参形体不规则，

图4-10 用于食品物性学指标测定的质构仪

体表有肉刺，食用状态的海参内脏已经去除，腹部中空，切面呈现不规则的带有缺口的圆环状。海参这种外形上的特殊性会导致 TPA 测试时探头受力不均，从而造成试验数据偏差大、影响测试稳定性和可靠性的情况。穿刺法可以获得的食品物性学指标虽然相对较少，但精确度较高，对于不完全均一的样本同样可以获得较为理想的测试数据，因此在食品品质评定中的应用逐渐增多。

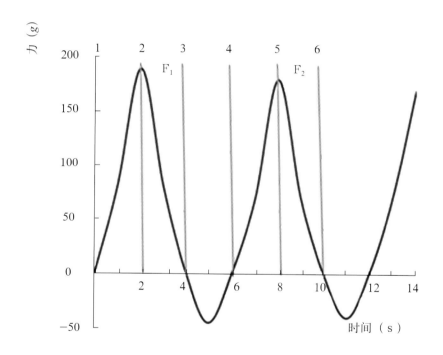

图 4-11　TPA 测试典型图例

硬度 $= F_1$

弹性 $= S_{4\sim5}/S_{1\sim2}$（即：4 至 5 的时间差 /1 至 2 的时间差）

黏聚性 $= A_{4\sim6}/A_{1\sim3}$（即：4 至 6 间的面积 /1 至 3 间的面积）

咀嚼性 $=$ 硬度 $\times$ 黏聚性 $\times$ 弹性 $= F_1 \times (A_{4\sim6}/A_{1\sim3}) \times (S_{4\sim5}/S_{1\sim2})$

海参的质地特征与食用时的口感密切相关，也是评价产品品质的重要指标。而我国在海参质构测定方法方面尚没有统一的标准。海参质构测定适宜采用 P/2N 针形探头进行穿刺分析，测试数据相对稳定。海参不同部位的硬度值有很大差别，靠近头部的段 1 硬度值明显高于其他各段（$P < 0.05$），而段 2 至段 6 间没有显著差异。不同位点的硬度值也有所差别，位点 B、C、D 对应的硬度值变异系数相对较小，适宜作为测定的位点（图 4-12）。

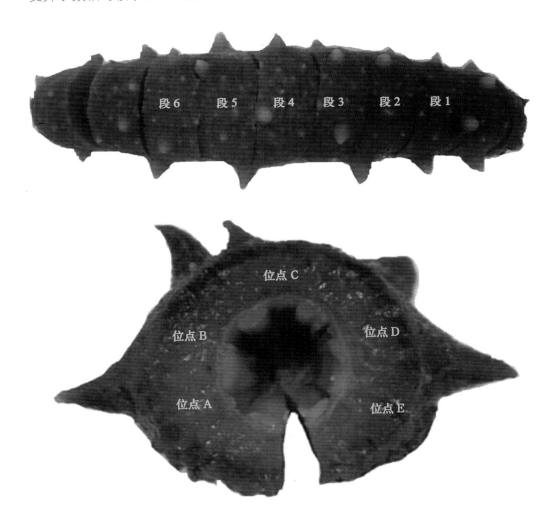

图 4-12 海参质构测定位点

第三节 海参产业发展概况与潜在风险

1 我国海参产业发展的概况如何？

我国的仿刺参产业从 2003 年开始呈现出迅猛发展的势头，目前已形成年产值 300 亿元以上的产业规模。据《2020 中国渔业统计年鉴》，2019 年全国海参养殖总产量 171 700t。其中，山东省海参养殖产量为 92 581t，居全国首位，辽宁（44 710t）、福建（27 437t）分列 2、3 位。山东省作为全国最大的仿刺参产区和加工品集散地，在很大程度上影响着仿刺参产业整体的走势。辽宁省作为核心产区，对全国的消费市场起着举足轻重的作用。福建省作为产业拓展的重要补充，起到了缓冲、平衡的作用。目前已基本形成了胶东刺参、辽参、南方刺参三大特色板块的产业格局。

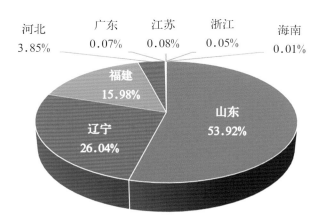

图 4-13　2019 年中国仿刺参养殖产量地区分布

仿刺参养殖模式多样，其中浅海底播增殖和池塘养殖模式占主导。在仿刺参加工和市场销售方面，产业的规范化程度相对较低，个体业户数量多、规模小，产业竞争较为混乱，品牌培育力度不够，营销策略较为单一，在一定程度上导致出现了初级、低价产品逆淘汰优质产品、品牌产品的现象。

国内海参养殖模式有哪些？

仿刺参是国内目前唯一规模化繁育和养殖的海参种类，常见的养殖模式有浅海底播增养殖、围堰养殖、池塘养殖、工厂化养殖、浮筏吊笼养殖、浅海网箱养殖等。

（1）底播增养殖

该模式是海洋牧场刺参的主要增养殖模式，是指在条件适宜的海区，通过构筑参礁、移植大型藻类改善海区条件，采取投放亲参或大规格苗种等措施，增加刺参生物资源、提高刺参产量。放养苗种的规格一般为 40～100 头 /kg，放苗密度为 5～8 头 /m²。苗种投放时机一般为水温在 8℃以上的春季或 21℃以下的秋季，选择在小潮汛低潮和平潮时投放，一般经过 3 年左右的生长周期，即可在春、秋两季由潜水员采捕大规格的刺参。这种模式养殖的海参在大海里自然生长，产出的海参品质上乘，与野生海参基本一致。

底播海参的前半生

（2）围堰养殖（也称岩礁池养殖）

该模式是在潮间带或潮下带区域建造石头或水泥坝体、设置闸门，依靠自然涨潮纳水的一种养殖方式（图 4–14）。围堰池塘大小一般为 0.67～2hm²，水深为 3m 以上，围堰池塘内根据水流的大小选择合适的参礁。投放的苗种规格为 100 ~ 200 头 /kg，通常放苗密度为 15 ~ 25 头 /m²。最佳放苗时间为秋季 10—11 月和翌年春季 4—5 月，一般不投喂人工配合饲料，围堰池塘养殖 2 年后可收获，收获主要由潜水员抓捕大规格刺参，收获后适当补充苗种。

图 4-14 仿刺参围堰养殖

（3）池塘养殖

该模式是在沿海潮间带或潮上带通过修筑堤坝，建设形成较大水面养殖水域的养殖方式（图 4-15）。池塘面积大小一般为 1.3 ~ 4hm²，池塘深 2.0 ~ 3.0m。放苗的规格、密度与成活率和产量密切相关，一般选择 100 ~ 300 头 /kg 的苗种，最佳放苗时间为秋季的 10—11 月和翌年春季的 4—5 月；养殖过程中，在春、秋刺参摄食旺盛季节（4—5月、10—11月），池塘中的天然饵料无法满足高密度养殖刺参对饵料的需求，应根据刺参的摄食情况合理投饵。刺参池塘主要以轮捕轮放的养殖方式由潜水员进行采捕收获。

图 4-15　仿刺参池塘养殖

（4）工厂化养殖

这是利用养殖大棚设施，通过人为的控制水温、溶解氧、盐度、水质等环境条件，所进行的高密度、集约化养殖方式，我国北方工厂化养殖刺参设施多数是由养殖鲆鲽车间改造而成。放苗规格为50～70g/头大规格刺参，经过3～10个月的养殖周期，达到150g左右的商品参；养殖密度根据刺参的大小、水温、饵料投喂、管理水平等情况而定，一般为30～40头/m²；养殖需投喂人工配合饵料。这种模式养殖的海参占海参总产量的比例最少，主要用于海参夏眠和冬眠期间市场活海参的供应。

（5）浮筏吊笼养殖

这是将刺参放置于养殖吊笼内，悬挂于浅海浮筏上进行养殖的方式，是南方地区养殖刺参的主要养殖模式（图 4-16）。养殖笼多为扇贝养殖笼或养鲍笼，通常每亩水面悬挂养殖笼 1 500 ～ 2 500 串。苗种的规格为 20 ～ 40 头 /kg，放养密度为 5 ～ 6 头／层；放苗时间一般在 11 月中旬至 12 月初温度适宜的阶段进行，饲料以发酵的海带、鼠尾藻等为主要原料，一般在次年的 3—4 月即可收获上市。这种养殖模式充分利用南方冬季水温适合海参生长的特点，开展北参南养，缩短养殖周期。

图 4-16　仿刺参浮筏吊笼养殖

（6）浅海网箱养殖

这是在浅海通过搭建浮筏，构建特制网箱及其内置网片附着基的一种养殖方式（图4-17）。浅海网箱养殖分为保苗和养成两种养殖方式，网箱保苗养殖一般选择100～300头/kg的刺参苗种，放养密度根据池塘的水质、网箱内网片的密度及管理情况而定；网箱养成时一般选用苗种规格为20～30头/kg，放养密度为30头/m² 左右。浅海网箱养殖一般利用网衣上生长藻类和附着有机物、微生物等为饵料。刺参摄食较为旺盛的季节（4—6月、10—11月），可投喂片状人工配合饵料。浅海网箱保苗刺参生长到40～60头/kg时即可一次性收获，作为大规格商品苗种进行销售；浅海网箱养成时刺参一般生长到6～10头/kg时收获。

图4-17　仿刺参浅海网箱养殖

海参生产过程中存在的质量安全风险有哪些?

随着仿刺参产业规模的不断扩大，一系列制约或潜在制约产业发展的瓶颈问题日益凸显，尤其是质量安全问题。近几年，经济利益的驱使导致众多仿刺参养殖户盲目扩大规模，再加上养殖环境的恶化，不可避免出现一些仿刺参常见疾病，加之管理不科学，导致非法使用违禁药物、不遵守休药期、滥用药物等情况时有发生，给仿刺参养殖业带来一系列的问题，其中药物及重金属等有害物质残留存在较大风险。

仿刺参生产全过程包括苗种、投入品、环境、养殖过程、加工以及流通等环节存在的风险如下。

（1）苗种

仿刺参苗种的繁育目前一般采用工厂化育苗的方式，在亲参促熟和幼苗培育期间需要投喂配合饲料。为保证育苗期间的成活率，仿刺参苗培育期间常使用药物，使用违禁药物的现象时有发生。

仿刺参苗种中常检出硝基呋喃类药物，氯霉素也常有检出，调查得知，仿刺参苗种在育苗过程中为了提高成活率，使用药物进行细菌病预防。使用的药物主要是喹诺酮类、四环素类、磺胺类、硝基呋喃类、氯霉素以及青霉素、链霉素等抗生素。

（2）投入品

养殖过程中的投入品主要有饲料、免疫增强剂、水质净化剂以及为控制养殖过程中的病害而使用的药物。所用药物主要是防止猛水蚤等桡足类虫害，以及烂胃病、烂边病、腐皮病以及吐肠病等细菌导致的病害。近几年来在各级渔业主管部门的宣传指导下，广大养殖户对水产品质量安全的意识有了大幅度提高，故意使用禁药的现象已不多见；目前主要的风险来自掺有抗生素成分的中草药以及没有批号或虚假批号的药物。

目前市场上各种仿刺参养殖营养添加剂、免疫增强剂、水质净化剂等五花八门，品种繁多，广大苗种生产者面对这些令人眼花缭乱的产品，缺乏正确的选择，往往是抱着"别人用我也用"的从众心理，往仿刺参饲料里随意添加各种添加剂，多的达十几种。由于这些添加剂不是以药物来销售的，其成分不明，给仿刺参的质量安全带来很大隐患。

（3）养殖环境

仿刺参生长在底层，底质和水质等环境条件影响仿刺参的质量，目前仿刺参与环境中污染物的相关性研究积累数据不足，难以进行科学评估。

（4）养殖过程

养殖过程中的管理也非常重要，由于养殖条件差和管理不到位等容易发生病害，往往使用药物而带来安全隐患。

底播增殖和围堰养殖模式接近仿刺参生长的自然条件，使用药物的可能性接近于零，因此养殖过程质量风险少。池塘养殖由于部分池塘底质差以及水质调控不当，有时需要使用抗生素、杀藻剂、消毒剂等药物，存在药物残留的可能性。工厂化养殖由于养殖密度大，仿刺参发生细菌感染及消化道疾病等风险增加，存在使用药物不当引起药物残留的风险。

（5）加工环节

目前仿刺参的加工产品主要有盐渍海参、盐干海参、淡干海参等，加工过程中使用食盐等辅料；存在的问题主要是有些不法商贩在加工过程中加糖、加料和过量加盐等。正常盐干海参的含盐量应 ≤ 40%，但有些不法商贩在加工中为了增重多次裹盐，导致盐分含量高达 70% 以上。"糖干海参"以增重为目的，在生产过程中加入了大量的糖浆类物质，"糖干海参"经过近几年的打击已经大幅度减少，但"料干海参"以更加隐蔽的形式出现。

由于刺参加工门槛低，造成我国个体加工户数量众多，相当数量的加工户没有取得食品生产许可（SC）认证，给质量监管带来很大困难。

（6）流通环节

由于干海参较容易保存，运输贮藏过程较为简单，除了水分含量较高的不合格产品容易变质外基本没有风险；但目前市场上有海参泡发后销售的情况，有可能产生违规使用化学品的隐患。

另外，目前刺参市场鱼龙混杂，多数消费者不懂如何鉴别，特别是对以次充好的产品评价较难，对质高价实的刺参产品造成了冲击，也容易对消费者产生误导，损害消费者的权益。

（7）网络谣言

近年来，社交媒体迅猛发展，为生活提供便捷的同时，也为网络谣言提供了传播平台，而食品行业首当其冲。中国社会科学院最新发布的《中国新媒体发展报告》显示，食品安全谣言占到各类网络谣言传播的 45%，处于第一位。在信息不对称的情况下，消费者对于食品谣言缺乏分辨能力，一旦谣言传播，往往造成消费者受伤、企业受损、行业受害的严重局面。因此网络谣言也是海参产品的质量风险之一。

海参作为一种高端营养滋补品，不同于肉粮菜等日常生活必需品，质量安全风波对产业造成的损害将更为严重，因此采用新媒体手段加强海参质量安全的科普和辟谣是保护消费者和产业的重要途径（表4-4）。

表4-4　近年来发生的水产品谣言典型案例

序号	事件	事件缘由和造成的影响	处理情况
1	多宝鱼致癌	2006年多宝鱼事件之后，2016年济南历下区公安局刑拘违禁使用呋喃西林药物相关人员，导致舆论再次发酵。多宝鱼被丑化为"毒鱼、致癌、嗑药"等，使得多宝鱼价格暴跌，产业损失巨大	2016年2月27日央视新闻的微信公众号推送了一篇文章：将《千万别吃鱼了，可致癌致胎儿畸形！养殖户都不敢吃！》这篇文章定性为谣言
2	避孕药黄鳝、甲鱼等	关于避孕药"喂"大的动物，最出名的是"避孕药鳝鱼"，这个说法从1998年开始，历久不衰，之后，最后，泥鳅、罗非鱼、虾、蟹和甲鱼等水产品也一并受到牵连	多位专家进行了辟谣，2015年9月29日，在中国食品辟谣联盟发布的中国第一期食品谣言榜中，指出黄鳝养殖与避孕药无关
3	避孕药海参	土豆视频传播的山东某电视台拍摄于即墨田横的海参养殖户视频，养殖海参使用避孕药和抗生素	经田横海参协会核实，采访对象的口音不是田横本地人，推测是为了某种商业目的的造假或博眼球行为
4	塑料紫菜	大量所谓"塑料紫菜"的视频在网络传播，造成国内紫菜行业经济损失，并引发了公众对食品安全的恐慌	福建省紫菜协会第一时间进行了辟谣。公安机关抓获18名违法犯罪人员（据交代，他们制造传播"塑料紫菜"谣言是为了对厂家实施敲诈勒索）
5	青蟹打针	2016年7月15日，一则给青蟹打针注射的视频在社交平台疯传。该视频显示，一位大妈手持注射器向青蟹注射不明液体，网民纷纷猜测注射物为胡萝卜素、黄粉、蟹黄膏和尿素精等，引发公众的广泛讨论	这个网络传闻其实是故伎重演，早在2015年8月12日，微信公众号"三门食品安全"就发布了《青蟹打针？！不可信！！！》的消息。针对2016年重出江湖的"青蟹打针""青蟹注水"等虚假信息，人民网、《现代金报》等媒体再度辟谣

（续）

编号	事件	事件缘由和造成的影响	处理情况
6	注胶虾	在广州发现了冷冻海虾的虾头与虾身之间有胶装物质，经检测为琼胶。经媒体报道和微信传播后演变成"海藻胶"→"明胶"→"毒明胶"	经查实这种海虾来自越南，越南已进行了专门打击。添加琼胶（也有使用羟甲基纤维素，CMC）的目的是为了增重和美容（看起来肥满），对人体没有危害
7	皮皮虾"注胶"	皮皮虾"注胶"的视频在网上疯传。一女子剥开一盘皮皮虾，掏出或白或黄的胶状体，称皮皮虾被黑心商贩注入胶水增重	属于无知造成的。视频里剥出的胶状物是皮皮虾的生殖腺，并且虾一旦注水、注胶很快就会死亡，所以养殖户和商贩不会选择给水产品注胶增重
8	对虾寄生虫	网上传播的"对虾有寄生虫"视频	属于无知造成的。实际上是对虾的输精管。黄海水产研究所黄捷研究员等专家在央视进行了辟谣
9	贝类寄生虫	网上流出一条视频，称"蚬子里个个都有寄生虫，千万别再吃"，同类的谣言还有哈尔滨蚬子里发现"寄生虫"、烟台蛤蜊被注射"明胶"、厦门蛏子里也有"透明虫"	属于无知造成的。实际上是贝类的消化器官"晶杆"
10	超市淡水鱼下架	食药局对北京、济南等市场销售的淡水鱼进行抽检，引起相关超市停止销售淡水鱼	目前市场流通的活体水产品无法做到可追溯，责任无法认定，商家因担心不合格而采取的自我保护措施
11	海鱼和菜品用甲醛保鲜	2017年三亚地区出现"海鱼和菜品用甲醛保鲜"谣言，许多消费者因此不敢吃鱼	三亚市食品药品监管局调查核实这一说法与事实不符，刘某某因虚构事实扰乱公共秩序，被三亚市公安局吉阳分局依法行政拘留5日并罚款500元

第五章

海参的食用

▶ 第一节　干海参的发制方法

　　活海参大多被加工成干海参、盐渍海参、冻干海参、即食海参、海参胶囊、海参口服液等，其中干海参占 70% 左右，是海参产品中的主导品种。干海参需要经过水发后才能食用，因此干海参的水发技术对其食用具有重要意义。目前国内关于干海参的水发方法花样繁多，但缺乏科学系统的研究，使得消费者无所适从。

 家庭发制干海参通常采用哪种方法?

（1）浸泡

　　将干海参放入洁净的容器中，加水置于冰箱冷藏室中浸泡，加水量要没过海参并适当多一些，浸泡时间2～3d，每天换水2～3次直至海参变软。

　　说明：

　　①此步骤的作用是把干海参泡软泡透并脱盐。

　　②使用自来水、纯净水等均可。

　　③在冰箱冷藏室中浸泡的目的是防止海参表层脱皮或变质。

（2）去牙、清洗

　　将海参从腹部的开口纵向剪开（图5-1），去掉头部海参牙（白色石灰质状硬物），把海参清洗干净。

海参牙

图5-1　海参牙形态与位置

(3) 水煮

在洁净的锅里加入适量水，水烧开后将洗净的海参放入，中火烧开后调至小火保持微沸煮 40 ~ 70min，之后停火，继续盖着锅盖焖 1 ~ 2h。

说明：

① 判断海参是否煮好的标准：用筷子从海参中央夹起，海参的两端自然下垂发颤，说明已经煮好（图 5-2）。如果海参还是比较直挺，说明还需要继续煮制。

图 5-2　判断海参是否煮好的方法

② 水煮时间根据海参的品质、大小等确定，质量好的淡干海参通常需要煮 60 ~ 70min，大规格的海参需要煮更长时间。

③ 高海拔地区由于水的沸点低于 100℃，需要适当延长煮制时间或采用压力锅。

④ 此步骤的目的是要把海参彻底煮软、煮透，以利于后续的泡发，此时海参已经可以食用，但个头比较小。

⑤ 煮海参的水呈绿色或棕褐色属于正常颜色。

（4）泡发

将煮好的海参放入纯净水或蒸馏水中，然后置于冰箱的冷藏室内，再浸泡1～3d，每天换水2～3次，即可达到理想的食用状态（图5-3）。

说明：

①此步骤每天换水2～3次非常重要，否则海参胀发效果差很多。

②纯净水或蒸馏水也可使用自来水代替，但海参发的个头要小一些。

图5-3　淡干海参水发效果

③有的消费者认为海参泡发得越大越好，这种理解是片面的。用于销售的水发海参往往通过延长发制时间或采用其他手段，使得海参胀发到极限状态。家庭食用的海参不建议过分泡发，过分发制会严重影响口感，失去海参的软糯和弹性，泡发到原长度两倍左右时口感最佳。

（5）贮存

发好的海参应尽快食用，冷藏条件下可以保存2～3d，如果长时间保存需冷冻。

家庭发制干海参有没有简易的方法？

 (1) 浸泡

将干海参放入洁净的容器中，加水置于冰箱冷藏室中浸泡，加水量要没过海参并适当多一些，浸泡时间约 2d，每天换水 2～3 次直至海参变软。

(2) 去牙、清洗

将海参从腹部的开口纵向剪开，去掉头部海参牙（白色石灰质状硬物），把海参清洗干净。

(3) 热焖

将洗干净的海参放入保温效果良好的暖水瓶或保温杯等容器中，加入 100℃的开水，焖制 12～20h。此时海参已经可以食用，但个头比较小。

 (4) 泡发

将焖制好的海参放入纯净水或蒸馏水中，然后置于冰箱的冷藏室内，再浸泡 1～2d，每天换水 2～3 次，即可食用。

如何快速发制干海参？

将干海参直接放入保温效果良好的暖水瓶或保温杯等容器中，加入100℃的开水，放置16～24h，然后取出，将海参从腹部纵向剪开，去掉海参牙，把海参清洗干净，此时海参已经可以食用，如果咸味较大可以放入干净的水中浸泡脱盐。如果想把海参发得再大一些，可以将海参放入纯净水或蒸馏水中，然后置于冰箱的冷藏室内，再浸泡1～2d，每天换水2～3次。

 进口海参如何发制？

以北美冰参为例（图5-4），发制步骤如下：

步骤1：将干海参放入一个大且干净的容器内，用冷水完全浸泡海参，给容器加盖后放入冰箱冷藏室，让海参吸水24～48h。

步骤2：用剪刀将海参剪开，用清水将海参内脏清理干净。

步骤3：将海参置于干净的容器中煮，当水烧开后，改用文火继续煮30～40min至海参柔软，煮制时要确保海参全部浸泡在水中，必要时添加更多的水。

步骤4：煮好后，让海参在锅内自然晾凉，然后换上清水并加盖，储藏在冰箱冷藏室，让海参继续吸水48h后即可食用，注意每天更换清水1～2次。

说明：

①因海参个体不同，有时可能需要更长的发制时间。如需要，可重复方法中的步骤3和步骤4，或者适当延长海参的吸水时间。

②将发制好的海参浸泡在冷水中，放在冰箱冷藏室里可存放 7d，确保每天更换清水。如果 7d 内不能食用完，需要冷冻保存。

浸泡海参的时间为 24 ～ 48h

将发好的海参放在容器内用保鲜膜封好
放入冰箱冷藏室内

去肠、沙嘴等，将浸泡好的海参底
部朝上，头朝操作者

放入冰箱冷藏室代替，每 24h 必须换
水一次

然后打开海参内部反复用清水冲洗

让水快速沸腾后转成 120℃或 100℃

图 5-4　进口海参（北美冰参）的发制

夏天吃海参会上火吗？海参作为食补上佳品被很多人所熟知，但很多消费者担心夏天吃海参会上火，这是完全错误的。海参性平，滋补温和，四季皆宜，即使是在炎热的夏季，适当进补海参也不会上火的。

第二节 经典海参食谱

 海参捞饭

【原料】

　　主料：水发海参 300g。

　　配料：西蓝花 10g、胡萝卜 10g、米饭 100g。

　　调料：料酒、精盐、酱油、味精、白糖、蚝油、葱、姜、淀粉、高汤各适量。

【制法】

　　(1) 海参洗净，下开水锅氽一下捞出，沥净水备用。西蓝花、胡萝卜洗净，飞水备用。

　　(2) 炒锅注油烧热，投入葱、姜、蒜末爆锅，加入料酒、酱油、蚝油、白糖煸炒备用。

　　(3) 加入高汤，海参烧透入味，用水淀粉勾芡，淋上葱油，出锅装盘，旁配西蓝花、胡萝卜、熟米饭即成。

2 海参小米粥

【原料】

主料：水发海参100g。

配料：优质小米100g。

调料：姜、盐少许。

【制法】

（1）将海参洗净备用。

（2）将淘洗过的优质小米和海参一起放入砂锅中，加入清水，先用大火煮沸，加入姜丝、盐，继续煮至米烂，即可食用。

3 温拌海参

【原料】

主料：水发海参 100g。

配料：青尖椒 25g、红尖椒 10g、圆葱 10g、香菜 10g。

调料：白糖、盐、味精、陈醋、生抽、蚝油、辣根、香油。

【制法】

(1) 将海参洗净，切成丁或片备用。

(2) 圆葱、青尖椒、红尖椒、香菜洗净切成小丁。

(3) 将切好的海参快速焯水，沥干水。

(4) 取适量调料调成酱汁，将上述切好的主料和配料搅匀即可。

4 葱烧海参

【原料】

主料：水发海参 500g。

配料：大葱 200g、西蓝花 150g。

调料：料酒、精盐、酱油、味精、白糖、湿淀粉、花椒油、花生油、高汤各适量。

【制法】

（1）海参洗净，顺切成长条片，下开水锅内焯一下捞出，沥净水，备用。葱白择洗干净，一剖两半，切成段，备用。西蓝花炒好备用。

（2）锅内放底油烧至七八成热，下大葱白煸至金黄色，放入海参稍煸，倒入料酒、酱油，放少许盐、白糖、味精，加入高汤，用中火烧片刻，湿淀粉勾芡，淋入花椒油拌匀，出锅，西蓝花围边装盘即成。

5 香菇烧海参

【原料】

主料：水发海参 200g。

配料：香菇 150g、菜心 100g、枸杞 3 ～ 5g。

调料：油 10g、盐 3g、酱油 30g，葱段、蒜片各适量。

【制法】

（1）海参洗净，切长条；将香菇、菜心分别焯透水备用，枸杞洗净备用。

（2）锅里放油，放入葱花和蒜片爆香，倒入香菇、菜心，加酱油、食盐，翻炒。

（3）加入海参、枸杞、适量水，炒熟后出锅装盘即成。

6 海参银耳汤

【原料】

主料：水发海参1只。

配料：干银耳35g、菊花5g、枸杞5g。

调料：料酒、精盐、酱油、味精、白糖、葱、姜各适量。

【制法】

（1）海参洗净，下开水锅汆一下捞出，沥净水备用。干银耳用温水泡发，去黄根，洗净，用开水烫一下，沥净水备用。菊花、枸杞飞水待用。

（2）锅中放清汤250g，加精盐、味精、料酒少许；海参、银耳、菊花、枸杞入汤内，中火煨5min，捞入汤碗中。

（3）另起锅，放清汤750g，加少许盐、味精、料酒；烧开去浮沫，倒入盛银耳与海参的碗中即成。

7 海参粳米粥

【原料】

主料：水发海参 1 只。

配料：粳米 10g、香米 10g、肉末 5g。

调料：盐、味精、白糖、姜、葱、椒、高汤各适量。

【制法】

(1) 粳米、香米洗净，同放锅内，加水煮成粥。

(2) 高汤入锅，加入熬好的粥，加姜、葱、椒等调料调味，放入海参，煮开即成。

8 葱油秋葵海参

【原料】

主料：水发海参 150g。

配料：秋葵 300g、小葱适量。

调料：酱油、白糖、精盐、色拉油、麻油各适量。

【制法】

（1）发制好的海参洗净备用；用小碗调好白糖、酱油汁备用。

（2）锅中加少量水烧开，加入一点盐和色拉油，放入秋葵（注意：秋葵不要去蒂），翻炒 2 ～ 3min。

（3）准备一盘凉开水，秋葵出锅后迅速放入凉开水中，捞出秋葵去蒂，对半切开码入盘子里，加入海参，浇上调好的汤汁，撒上葱花。

（4）起锅加热麻油，浇在葱花上即可。

海参排骨汤

【原料】

主料：水发海参 200g。

配料：排骨 350g、枸杞 3 ～ 5g。

调料：胡椒粉 3g、盐 3g，葱、姜、黄酒各适量。

【制法】

(1) 先将海参清洗干净，将排骨剁成小块。

(2) 将排骨放入碗中，加上葱、姜、盐、胡椒粉和黄酒后搅拌均匀，腌制 2h 左右。

(3) 将排骨均匀的铺在准备好的砂锅底部，在砂锅中加入足量清水，用大火加热。

(4) 煮沸后将海参、枸杞放入砂锅中，调至小火慢炖至原料熟烂即可。

10 海参猪蹄煲

【原料】

主料：猪蹄 500g、水发海参 200g。

配料：黄豆芽 25g，葱段、姜片各 10g。

调料：料酒、精盐、味精、胡椒粉、芝麻油、丁香、花椒、八角、肉桂各少许。

【制法】

（1）猪蹄洗净，从中间顺骨缝劈开，再从关节处斩成块，下入沸水锅中焯透捞出。丁香、花椒、八角、肉桂、陈皮下入清汤锅内烧开，煮 10min 左右捞出。下入猪蹄块，加葱段、姜片、料酒，烧开，炖至熟烂。

（2）拣出葱段、姜片。下入黄豆芽烧开略炖。

（3）下入海参烧开，炖至海参软糯，加味精、胡椒粉，出锅盛入汤碗内，淋入芝麻油即成。

11 海参小炒皇

【原料】

主料：水发海参300g。

配料：水发笋片15g、青椒20g、洋葱20g、葱段10g、蒜片10g、菜胆150g。

调料：老抽、酱油、白糖、蚝油、料酒、盐、味精、胡椒粉各适量。

【制法】

(1) 海参斜刀改片备用。菜胆飞水，沥干，摆入盛器中。

(2) 锅中加水烧开，调入少许盐，分别投入笋片、青椒、洋葱、海参飞水待用。

(3) 另起锅，加底油烧热，用葱段、蒜片爆香，淋料酒，加入所有主料、配料，倒入调料快速翻炒，勾芡，淋明油，盛入摆好菜胆的盛器中即成。

12 海参佛跳墙

【原料】

主料：水发海参 300g。

配料：活鲍鱼 200g、鱼肚 100g、菜心 50g、高汤 200g。

调料：鸡汁、鲍汁、蚝油、老抽、生粉各适量。

【制法】

（1）海参煨透入味。

（2）鱼肚发透后改刀成片，煨制入味。活鲍鱼飞水，取肉，煨制入味。菜心焯水，沥干，备用。

（3）把所有用料装入佛跳墙盅内，浇入用调料兑成的汁（高汤、鸡汁、鲍汁、蚝油、老抽、生粉），蒸透即可。

13 银耳红枣海参羹

【原料】

主料：即食海参 2 只，约 180g。

配料：银耳 1 朵、红枣 10 ～ 15g。

调料：冰糖适量。

【制法】

(1) 银耳、红枣提前 30min 泡发，即食海参切好备用。

(2) 银耳去蒂后下锅加水，开火慢炖，炖至黏稠。

(3) 剪开红枣，待汤水黏稠后，加入红枣和冰糖，盖上锅盖继续炖 30min。

(4) 加入切好的即食海参，搅拌均匀。盖上锅盖焖 10min 即可。

14. 山药海参排骨汤

【原料】

主料：排骨 500g，即食海参 2 只、约 180g。

配料：山药 400g、黑木耳 5g。

调料：香葱、姜、盐各适量。

【制法】

（1）黑木耳提前泡发，排骨切段，洗净。葱、姜切段备用。

（2）山药去皮，切滚刀块，浸泡在淡盐水中。

（3）排骨放于半锅冷水中，放姜两片，水开后大火煮 3min，捞出。

（4）另起锅，半锅水烧开。放入焯水后的排骨以及姜片和香葱段少许，小火慢炖 30min。加入山药、黑木耳，继续小火炖 20min。

（5）关火，加入切成段的即食海参、盐，搅拌均匀，盖上锅盖焖 5min 即成。

主要参考文献

陈士国，2010. 几种海洋动物酸性多糖的结构和活性研究 [D]. 青岛：中国海洋大学 .

崔凤霞，2007. 海参胶原蛋白生化性质及胶原肽活性研究 [D]. 青岛：中国海洋大学 .

董平，薛长湖，盛文静，等，2008. 海参中总皂苷含量测定方法的研究 [J]. 中国海洋药物，27(1):28-32.

葛庆联，高玉时，蒲俊华，等，2013. 不同品种鸡蛋部分营养成分比较分析 [J]. 中国家禽 (11):28-30,36.

郭文场，于艳，王守本，等，2007. 中国的海参 (1)[J]. 特种经济动植物，10(4):24-25.

韩华，易杨华，喇明平，等，2008. 糙海参皂苷 Scabraside A、B 的抗真菌和抗肿瘤活性 [J]. 中国药理学通报，24(8):1111-1112.

韩玉谦，冯晓梅，管华诗，2005. 海参皂苷的研究进展 [J]. 天然产物研究与开发，17(5):669-672.

焦明耀，2014. 大厨海参菜集萃 [M]. 北京：中国纺织出版社 .

廖玉麟，1997. 中国动物志：棘皮动物门：海参纲 [M]. 北京：科学出版社 .

刘泉，2010. 经典海参菜 [M]. 青岛：青岛出版社 .

聂竹兰，李霞，2006. 海参再生的研究 [J]. 海洋科学，30(5):78-82.

王静凤，张珣，李辉，等 2012. 海参岩藻聚糖硫酸酯抗肿瘤转移作用研究 [J]. 中国海洋药物 (2):14-18.

王哲平，刘淇，曹荣，等，2012. 野生与养殖刺参营养成分的比较分析 [J]. 南方水产科学，8(2):64-70.

肖宁, 2015. 黄渤海的棘皮动物 [M]. 北京：科学出版社.

薛长湖, 2015. 海参精深加工的理论与技术 [M]. 北京：科学出版社.

易杨华, 焦炳华, 缪辉南, 2006. 现代海洋药物学 [M]. 北京：科学出版社.

朱蓓薇, 2010. 海珍品加工理论与技术的研究 [M]. 北京：科学出版社.

Cateni F, Zilic J, Zacchigna M, et al., 2010. Cerebrosides with antiprolifera-tive activity from *Euphorbia peplis* L.[J]. Fitoterapia, 81(2):97-103.

Drozdova O A, Avilov S, Kalinovsky A, et al., 1993. Trisulfated glycosides from the sea cucumber *Cucumaria japonica*[J]. Khim Prirod Soedin, 3:369-374.

Gelse K, Pöschl E, Aigner T, 2003. Collagens-structure, function, and biosyn-thesis[J]. Advanced Drug Delivery Reviews, 55(12):1531-1546.

Iwata M, Corn T, Iwata S, et al., 1990. The relationship between tyrosinase activity and skin color in human foreskins[J]. Journal of Investigative Der-matology, 95(1):9-15.

Kalinin V I, Avilov S A, Kalinina E Y, et al., 1997. Structure of eximisoside A, a novel triterpene glycoside from the Far-Eastern sea cucumber psolus exi-mius[J]. Journal of Natural Products, 60(8):817-819.

Kariya Y, Kyogashima M I M, Ishii T, et al., 1997. Structure of fucose branch-es in the glycosaminoglycan from the body wall of the sea cucumber *Sti-chopus japonicus* [J]. Carbohydrate Research, 297(3):273.

Kitagawa I, Inamoto T, Fuchida M, et al., 2008. Structures of echinoside A and B, two antifungal oligoglycosides from the sea cucumber *Actinopyga echinites* (Jaeger)[J]. Chemical & Pharmaceutical Bulletin, 28(5):1651-1653.

Maltsev I I, Stonik V A, Kalinovsky A I, et al., 1984. Triterpene glycosides from sea cucumber *Stichopus japonicus* Selenka[J]. Comparative Biochemistry & Physiology B Comparative Biochemistry, 78(2):421-426.

Muyonga J H, Cgb C, Duodu K G, 2004. Fourier transform infrared (FTIR) spectroscopic study of acid soluble collagen and gelatin from skins and bones of young and adult *Nile perch* (Lates niloticus)[J]. Food Chemistry, 86(3):325-332.

Oku H, Li C, Shimatani M, et al., 2009. Tumor specific cytotoxicity of β-glucosylceramide: structure-cytotoxicity relationship and anti-tumor activity in vivo[J]. Cancer Chemotherapy & Pharmacology, 64(3):485.

Oku H, Wongtangtintharn S, Iwasaki H, et al., 2007. Tumor specific cytotoxicity of glucosylceramide[J]. Cancer Chemotherapy & Pharmacology, 60(6):767.

Oleinikova G K, Kuznetsova T A, Ivanova N S, et al., 1982. Glycosides of marine invertebrates. XV. A new triterpene glycoside—Holothurin A$_1$, from Caribbean holothurians of the family Holothuriidae[J]. Chemistry of Natural Compounds: 18(4):430-434.

Purcell S W, Samyn Y, Conand C, 2012. Commercially important sea cucumbers of the world[M]. FAO Species Catalogue for Fishery Purpose. No. 6. Rome: FAO.

Rajapakse N, Mendis E, Jung W K, et al., 2005. Purification of a radical scavenging peptide from fermented mussel sauce and its antioxidant properties[J]. Food Research International, 38(2):175-182.

Ribeiro A C, Vieira R P, Mourão P A, et al., 1994. A sulfated alpha-L-fucan from sea cucumber [J]. Carbohydr Res, 255(10):225-240.

Saito M, Kunisaki N, Urano N, et al., 2010. Collagen as the major edible component of sea cucumber (*Stichopus japonicus*)[J]. Journal of Food Science, 67(4):1319-1322.

Strydom D J, 1994. Chromatographic separation of 1-phenyl-3-methyl-5-pyr-azolone-derivatized neutral, acidic and basic aldoses[J]. Journal of Chromatography A, 678(1):17-23.

Sugawara T, Zaima N, Yamamoto A, et al., 2006. Isolation of sphingoid bases of sea cucumber cerebrosides and their cytotoxicity against human colon cancer cells[J]. Bioscience Biotechnology & Biochemistry, 70(12):2906-2912.

Sun W H, Leng K L, Lin H, et al., 2010. Analysis and evaluation of chief nutrient composition in different parts of *Stichopus japonicus*[J]. Chinese Journal of Animal Nutrition, 22(1):212-220.

Trotter J A, Lyons-Levy G, Thurmond F A, et al., 1995. Covalent composition of collagen fibrils from the dermis of the sea cucumber, *Cucumaria frondosa*, a tissue with mutable mechanical properties[J]. Comparative Biochemistry & Physiology Part A Physiology, 112(3-4):463-478.

Ustyuzhanina N E, Bilan M I, Dmitrenok A S, et al., 2016. Structural characterization of fucosylated chondroitin sulfates from sea cucumbers *Apostichopus japonicus*, and *Actinopyga mauritiana*[J]. Carbohydr Polym, 153:399.

Wu J, Yi Y H, Tang H F, et al., 2006. Nobilisides A-C, three new triterpene glycosides from the sea cucumber Holothuria nobilis[J]. Planta Medica, 72(10):932-935.

Yan M, Li B, Zhao X, et al., 2008. Characterization of acid-soluble collagen from the skin of walleye pollock (*Theragra chalcogramma*)[J]. Food Chemistry, 107(4):1581-1586.

Yan M, Li B, Zhao X, 2010. Determination of critical aggregation concentration and aggregation number of acid-soluble collagen from walleye pollock (*Theragra chalcogramma*) skin using the fluorescence probe pyrene[J].

Food Chemistry, 122(4):1333-1337.

Yang H, Yuan X, Zhou Y, et al., 2015.. Effects of body size and water temperature on food consumption and growth in the sea cucumber *Apostichopus japonicus* (Selenka) with special reference to aestivation[J]. Aquaculture Research, 36(11):1085-1092.

Yu L, Ge L, Xue C, et al., 2014. Structural study of fucoidan from sea cucumber *Acaudina molpadioides*: a fucoidan containing novel tetrafucose repeating unit[J]. Food Chemistry, 142(3):197-200.

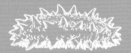

附　　录

附录1　GB 31602—2015　食品安全国家标准　干海参

1　范围

本标准适用于干海参。

2　术语和定义

2.1　干海参

以刺参等海参为原料,经去内脏、煮制、盐渍(或不盐渍)、脱盐(或不脱盐)、干燥等工序制成的产品;或以盐渍海参为原料,经脱盐(或不脱盐)、干燥等工序制成的产品。

注:在刺参收获的季节,通常的做法是将鲜刺参煮制、盐渍,制成半成品(即盐渍海参),贮存于冷库中,做为干海参生产的原料贮备。

2.2　复水后干重率

干海参复水后,再烘干所得到的干物质质量的百分率。

3　技术要求

3.1　感官要求

感官要求应符合表1的规定。

表 1　感官要求

项　目	要　求	检验方法
色泽	黑褐色、黑灰色、灰色或黄褐色等自然色泽,表面或有白霜,色泽较均匀	取适量试样平摊于白色瓷盘内,在自然光下观察色泽和组织状态,嗅其气味
气味	具海参特有的鲜腥气味,无异味	
状态	呈海参自然外观,允许有少量石灰质露出,刺参棘挺直、基本完整	

3.2　理化指标

理化指标应符合表2的规定。

表 2　理化指标

项　　目		指　标	检验方法
蛋白质/(g/100 g)	≥	40	取根据本标准 A.2 处理后的样品,按 GB 5009.5 的规定检验
水分/(g/100 g)	≤	15	取根据本标准 A.2 处理后的样品,按 GB 5009.3 的规定检验
盐分/(g/100 g)	≤	40	取根据本标准 A.2 处理后的样品,按 GB 5009.44 的规定检验
水溶性总糖/(g/100 g)	≤	3	取按本标准 A.3.4.4 得到的试液 100 mL,按 GB/T 15672 的规定检验。必要时稀释试液
复水后干重率/%	≥	40	附录 A 中 A.4
含砂量/(g/100 g)	≤	3	附录 A 中 A.5

3.3　污染物限量

污染物限量应符合 GB 2762 中棘皮类的规定。

3.4　兽药残留限量

兽药残留量应符合国家有关规定和公告。

4　其他

4.1　标签中应标示产品盐分含量范围。

4.2　污染物的检验:取 A.3.4.2 复水后试样进行污染物的检测,检测方法按 GB 2762 的规定进行,检验结果以复水后样品质量计。

4.3　兽药残留的检验:取 A.3.4.2 复水后试样进行兽药残留的检测,检测方法采用我国已公布的适用于海参中兽药残留检测的相关方法标准,检验结果以复水后样品质量计。

附 录 A
检 验 方 法

A.1 一般规定

本标准除另有规定外,所有试剂的纯度应在分析纯以上,所用标准滴定溶液、杂质测定用标准溶液、制剂及制品,应按 GB/T 601、GB/T 602、GB/T 603 的规定制备,实验用水应符合 GB/T 6682 中三级水的规定。试验中所用溶液在未注明用何种试剂配制时,均指水溶液。

A.2 样品前处理

A.2.1 取至少 3 只干海参,放入高速粉碎机粉碎(25 000 r/min,10 s/次~15 s/次),应多次粉碎,至试样全部通过 830 μm(20 目)筛,处理后的试样应密封、备用。

A.2.2 经本方法处理的样品,主要用于蛋白质、水分、盐分等指标的检测。

A.3 干海参的复水

A.3.1 预浸泡

取 2 只~3 只干海参,称重约 10 g(m_1,精确至 0.01 g),置于 1 000 mL 烧杯中,倒入水(水量约为海参质量的 50 倍,并应浸没参体),再盖上表面皿,室温浸泡 24 h。

A.3.2 清洗

在浸泡液中剖开海参体,清洗海参体附着的泥砂,去除嘴部石灰质后,切成宽约 5 mm 条状;将海参体、泥砂及嘴部石灰质均保留在原浸泡液中。

A.3.3 水煮

将经 A.3.2 处理的试样及浸泡液于原烧杯中,盖上表面皿,大火煮沸,然后调至小火,保持沸腾继续煮 30 min,晾至室温后,置于 0 ℃~10 ℃冰箱中,放置 20 h。煮沸及浸泡过程中应保持水量浸没参体。

A.3.4 试样

A.3.4.1 将 A.3.3 处理的浸出液及海参体全部倒入 1 000 mL 量筒中,定容至 600 mL,混匀。

A.3.4.2 取出海参放入烧杯中,加入 600 mL 水,按 A.3.3 的方法再水煮一次、将在冰箱放置后的海参取出,用滤纸吸去表面水分,绞碎备用于污染物及兽药残留项目的检测。

A.3.4.3 过滤浸泡液,将其全部转移至无灰滤纸中,用于含砂量的检测。

A.3.4.4 所得滤液用于水溶性总糖的检测。当测试液中糖含量高时,应用水稀释后再测;测试液中适宜的糖含量为 30 μg/mL~70 μg/mL。

A.4 干海参中复水后干重率的检验方法

A.4.1 原理

将干海参复水,去除海参体内各种水溶性物质,再将海参体烘干所得到的干物质的质量分数。

A.4.2 仪器和设备

A.4.2.1 烧杯：高型，1 000 mL。

A.4.2.2 称量瓶。

A.4.2.3 电热恒温干燥箱。

A.4.2.4 干燥器：内附有效干燥剂。

A.4.2.5 天平：感量为 0.1 mg。

A.4.3 分析步骤

A.4.3.1 取整只干海参，称重（m_2，精确至 0.000 1 g），置于 1 000 mL 烧杯中，倒入水（水量约为海参质量的 50 倍，并应浸没参体），盖上表面皿，室温浸泡 24 h，剖开海参体，在原浸泡液中清洗参体内附着的泥砂，仔细去除嘴部石灰质。

A.4.3.2 将洗好的海参，切成宽约 5 mm 的条，放入洁净的烧杯中，倒入水（水量约为海参质量的 50 倍，并应浸没参体），盖上表面皿，大火煮沸，然后调至小火，保持微沸 30 min 后，凉至室温，补水至原刻度，置于 0 ℃～5 ℃ 冰箱中，放置 18 h～20 h。

A.4.3.3 用已恒重的滤纸过滤后，再将试样切为约 3 mm×3 mm 小块，连同滤纸置入已恒重的称量瓶中，于 101 ℃～105 ℃ 烘箱中烘 8 h 以上（至恒重），于干燥器中冷却 30 min，称重（m_3，精确至 0.000 1 g）。

A.4.4 分析结果的表述

复水后干重率按式（A.1）计算，计算结果以重复性条件下获得的两次独立测定结果的算术平均值表示，结果保留三位有效数字。

$$X_1 = \frac{m_3}{m_2} \times 100 \qquad \cdots\cdots\cdots\cdots\cdots\cdots（A.1）$$

式中：

X_1——试样中复水后干重率，单位为克每 100 克（g/100 g）；

m_3——试样干燥后的质量，单位为克（g）；

m_2——试样的质量，单位为克（g）。

A.4.5 精密度

在重复性条件下获得的两次独立测定结果的绝对偏差不得超过算术平均值的 5%。

A.5 干海参中含砂量的检验方法

A.5.1 原理

将干海参浸泡清洗后，进行过滤，所得残渣灼烧后得到的干物质的质量分数。

A.5.2 仪器和设备

A.5.2.1 坩埚。

A.5.2.2 电炉。

A.5.2.3 高温炉。

A.5.2.4 天平：感量为 0.1 mg。

A.5.3 分析步骤

将 A.3.4.3 得到的过滤物连同无灰滤纸包好置入已干燥称重的坩埚中，将坩埚置于电炉上炭化，再移入高温炉中,550 ℃±25 ℃灼烧 4 h,至颜色变白。取出坩埚,在空气中冷却 1 min 后,放入干燥器中冷却 30 min,称重(m_4,精确至 0.000 1 g)。

A.5.4 分析结果的表述

含砂量按式(A.2)计算,计算结果以重复性条件下获得的两次独立测定结果的算术平均值表示,结果保留三位有效数字。

$$X_2 = \frac{m_4}{m_1} \times 100 \qquad \cdots\cdots\cdots\cdots\cdots\cdots\cdots\cdots\cdots(A.2)$$

式中:

X_2——试样中的含砂量,单位为克每 100 克(g/100 g);

m_4——灼烧后残渣的质量,单位为克(g);

m_1——试样的质量,单位为克(g)。

A.5.5 精密度

在重复性条件下获得的两次独立测定结果的绝对偏差不得超过算术平均值的 5%。

附录 2　GB/T 34747—2017　干海参等级规格

1　范围

本标准规定了干海参等级规格的要求、试验方法、检验规则、标签、包装、运输、贮存。

本标准适用于以刺参（*Stichepus japonicus*）为原料，经去内脏、煮制、干燥等工序制成的干海参。以其他品种海参为原料制成的干海参产品可参照执行。

2　规范性引用文件

下列文件对于本文件的应用是必不可少的。凡是注日期的引用文件，仅注日期的版本适用于本文件。凡是不注日期的引用文件，其最新版本（包括所有的修改单）适用于本文件。

GB 2733　食品安全国家标准　鲜、冻动物性水产品

GB 5461　食用盐

GB 5749　生活饮用水卫生标准

GB 7718　食品安全国家标准　预包装食品标签通则

GB/T 30891—2014　水产品抽样规范

GB 31602—2015　食品安全国家标准　干海参

JJF 1070　定量包装商品净含量计量检验规则

3　要求

3.1　原辅材料

3.1.1　刺参

应符合 GB 2733 的规定。

3.1.2　盐

应符合 GB 5461 的规定。

3.1.3　加工用水

加工用水应为饮用水或清洁海水。饮用水应符合 GB 5749 的规定，清洁海水中微生物、有害污染物的要求应达到 GB 5749 的规定。

3.2　规格

干海参规格按个体大小划分，以每 500 g 所含海参的数量确定规格，同规格个体大小应基本均匀。

3.3　感官要求

感官要求见表 1。

表 1　干海参的感官要求

项目	特级	一级	二级	三级
色泽	黑褐色、黑灰色、灰色或黄褐色等自然色泽,表面或有白霜,色泽较均匀			
气味	具海参特有的鲜腥气味,无异味			
外观	体形肥满,刺参棘挺直、整齐、无残缺,个体坚硬,切口整齐,表面无损伤,嘴部无石灰质露出	体形饱满,刺参棘挺直、较整齐,基本完整,个体坚硬,切口较整齐,嘴部基本无石灰质露出		体形较饱满,刺参棘挺直,基本完整,嘴部有少量石灰质露出
杂质	无外来杂质			
复水后	体形肥满,肉质厚实,弹性及韧性好,刺参棘挺直无残缺	体形饱满,肉质厚实有弹性,刺参棘挺直、较整齐		体形较饱满,肉质较厚实有弹性,刺参棘挺直,基本完整

3.4　理化要求

理化要求见表 2。

表 2　干海参理化指标

项目	特级	一级	二级	三级
蛋白质/%	≥60	≥55	≥50	≥40
水分/%	≤15			
盐分/%	≤12	≤20	≤30	≤40
水溶性总糖/(g/100 g)	≤3			
复水后干重率/%	≥65	≥60	≥50	≥40
含砂量/%	≤2		≤3	

3.5　安全指标

污染物、兽药残留等应符合 GB 31602—2015 的规定。

3.6　净含量

净含量偏差应符合 JJF 1070 的规定。

4　试验方法

4.1　规格

随机抽取 10 只～20 只干海参,称重(精确至 0.1 g),并换算为每 500 g 样品中海参数量。

4.2　感官

4.2.1　复水前的感官

将样品平摊于白搪瓷盘内,于光线充足无异味的环境中,按 3.3 的要求检查色泽、气味、外观、杂质。

4.2.2 复水后感官

4.2.2.1 取三只干海参，置入 1 000 mL 高型烧杯中，倒入约 300 mL 蒸馏水（水量应浸没参体），再盖上表面皿，室温浸泡 18 h～24 h；剖开海参体，清洗附着的泥砂，去除嘴部石灰质。

4.2.2.2 另取一只 1 000 mL 高型烧杯，将洗好的海参置于其中，倒入约 300 mL 蒸馏水，盖上表面皿，大火煮沸，然后调至小火，保持沸腾 30 min，凉至室温后，置于 0 ℃～10 ℃冰箱中，放置 24 h；再重复煮沸一次，放置 24 h，即可。注意，煮沸过程中应保持水量浸没参体。

4.2.2.3 检查复水后海参的肉质、外形、弹性等。

4.3 蛋白质

按 GB 31602—2015 的规定执行。

4.4 水分

按 GB 31602—2015 的规定执行。

4.5 盐分

按 GB 31602—2015 的规定执行。

4.6 水溶性总糖

按 GB 31602—2015 的规定执行。

4.7 复水后干重率

按 GB 31602—2015 中 A.4 的规定执行。

4.8 含砂量

按 GB 31602—2015 中 A.5 的规定执行。

4.9 净含量检验

按 JJF 1070 规定的方法执行。

4.10 安全指标

按 GB 31602—2015 的规定执行。

5 检验规则

5.1 组批规则与抽样方法

5.1.1 组批规则

同一产地、同一条件下加工的同一品种、同一等级、同一规格的产品组成检查批；或以交货批组成检验批。

5.1.2 抽样方法

按 GB/T 30891—2014 的规定执行，抽样量为 200 g。

5.2 检验分类

5.2.1 出厂检验

每批产品应进行出厂检验。出厂检验由生产单位质量检验部门执行,检验项目为感官、水分、盐分、净含量检验合格签发检验合格证,产品凭检验合格证入库或出厂。

5.2.2 型式检验

有下列情况之一时,应进行型式检验。检验项目为本标准中规定的全部项目。

a) 停产 6 个月以上,恢复生产时;

b) 原料变化或改变主要生产工艺,可能影响产品质量时;

c) 加工原料来源或生长环境发生变化时;

d) 国家质量监督机构提出进行型式检验要求时;

e) 出厂检验与上次型式检验有大差异时;

f) 正常生产时,每年至少两次的周期性检验。

5.3 判定规则

5.3.1 感官检验所检项目全部符合 3.3 规定,合格样本数符合 GB/T 30891—2014 表 A.1 规定,则判本批合格。

5.3.2 规格应与产品的标识相符合;净含量应符合 JJF 1070 的规定。

5.3.3 其他项目检验结果全部符合本标准要求时,判定为合格。

5.3.4 所检项目检验结果中若有一项指标不符合标准规定时,允许加倍抽样将此项指标复验一次,按复验结果判定本批产品是否合格。

5.3.5 所检项目检验结果中若有两项或两项以上指标不符合标准规定时,则判定本批产品不合格。

6 标签、包装、运输、贮存

6.1 标签

销售包装的标签应符合 GB 7718 的规定,并标示产品盐分含量范围。

6.2 包装

6.2.1 包装材料

所用塑料袋、纸盒、瓦楞纸箱等包装材料应洁净、坚固、无毒、无异味,质量应符合相关食品安全标准规定。

6.2.2 包装要求

一定数量的小包装,再装入纸箱中。箱中产品要排列整齐,应有产品合格证。包装应牢固、防潮、不易破损。

6.3 运输

运输工具应清洁卫生,无异味,运输中防止受潮、日晒、虫害、有害物质的污染、不得靠近或接触腐蚀性的物质、不得与有毒有害及气味浓郁物品混运。

6.4　贮存

本品应贮存于干燥阴凉处,防止受潮、日晒、虫害、有害物质的污染和其他损害。

附录 3　本书视频二维码合集

Q 弹可口的海参

海参的生长周期

鸡蛋和海参的营养一样吗？

海参花是什么？

海参是如何捕捞的？（1）

海参是如何捕捞的？（2）

假如干海参有段位？！

教你五秒识别海参的优劣！

底播海参的前半生

附录4　青岛海滨食品股份有限公司

　　青岛海滨食品股份有限公司始创于1925年，是国家商务部在全国首批命名的"中华老字号"，是一家集水产养殖采购、生产加工和批发零售一体化的知名企业。公司于1998年创立的"海滨小金"品牌是青岛首屈一指的海参品牌，曾荣获中国驰名商标、中国商业服务名牌、山东省著名商标、中国国际农产品交易会金奖、品牌中国"金谱奖"等全国、省级、市级荣誉近200项；并连续多年被评为"省市消费者满意产品""青岛十大旅游特色商品"。"买海参，到海滨，找小金"的口号闻名遐迩，深受消费者认可。

　　海滨小金海参品牌自创立之初，就以"践行食安山东、开创鲁参品牌"为宗旨，2003年，海滨小金正式开启产业链布局，建立了海参养殖采捕基地和生产加工基地。2014年，公司与中国水产科学研究院黄海水产研究所强强联合成立"蓝色海洋食品联合研发中心"，迈出产品技术升级的关键一步；研发中心依托和发挥双方在产学研创新、技术研发、标准化管理、产品生产加工、消费市场拓展以及中华老字号品牌影响力等方面的优势，大力开展多款产品的研发生产，共同打造能够代表青岛地方特色、满足市场与消费需求的海洋滋补食品、餐桌食品以及旅游休闲食品。公司作为"干海参"国家标准的主要起草单位之一，

严格把控海参产品加工质量控制；同时公司在辽宁大连、山东蓬莱和莱州等海域建立海洋牧场，从源头把控海参质量，并获得海参养殖、海参加工双有机认证。

目前，海滨小金海参旗下已拥有：传统淡干工艺海参——海滨小金有机淡干海参、冷冻锁鲜类即食海参——鲜食Q参、冷藏保鲜类即食海参——蒸海参、新时代速发海参——易之参等众多海参产品，以满足不同消费者的多场景、全方位养生需求。

青岛是一座国际知名的旅游城市，每年有大量中外游客光临这座美丽的海滨城市，而靠海吃海的青岛人不仅以丰富美味的海鲜招待八方来宾，更希望能拿出真正代表青岛地域特色的伴手礼馈赠友人，作为主营青岛地方特产的老字号品牌，海滨食品积极创新，推出了一系列颇具青岛特色的海产伴手礼，并且大受欢迎。比如主打四种美味海鱼、古法烹制的"海滨鱼味道礼盒"；以青岛传统民俗"鲅鱼跳、丈人笑"文化为特色的"老丈鲅鱼"系列；主打"轻礼品"市场的即食类小海鲜"贝贝鲜"伴手礼系列等。这些代表青岛饮食文化和地方特色的旅游产品不仅将青岛旅游产品提升到了新的高度，同时也连同海滨小金海参一起，成为宣传青岛文化、提升城市吸引力的一块金字招牌。

附录5 蓝鲲海洋生物科技（烟台）有限公司

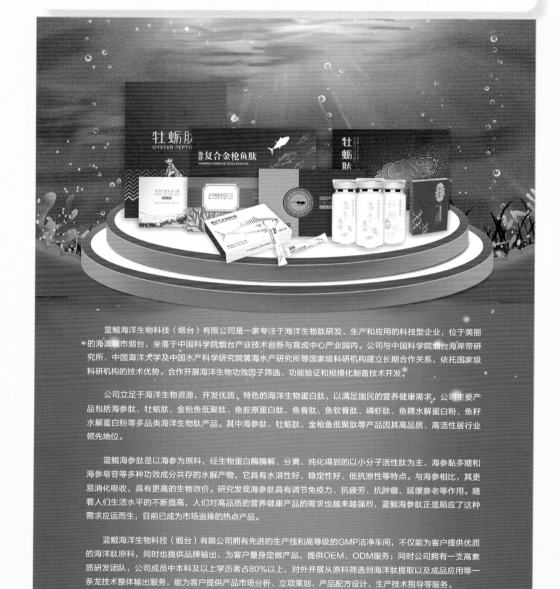

蓝鲲海洋生物科技（烟台）有限公司是一家专注于海洋生物肽研发、生产和应用的科技型企业，位于美丽的海滨城市烟台，坐落于中国科学院烟台产业技术创新与育成中心产业园内。公司与中国科学院烟台海岸带研究所、中国海洋大学及中国水产科学研究院黄海水产研究所等国家级科研机构建立长期合作关系，依托国家级科研机构的技术优势，合作开展海洋生物功效因子筛选、功能验证和规模化制备技术开发。

公司立足于海洋生物资源，开发优质、特色的海洋生物蛋白肽，以满足国民的营养健康需求。公司主要产品包括海参肽、牡蛎肽、金枪鱼低聚肽、鱼胶原蛋白肽、鱼骨肽、鱼软骨肽、磷虾肽、鱼精水解蛋白粉、鱼籽水解蛋白粉等多品类海洋生物肽产品。其中海参肽、牡蛎肽、金枪鱼低聚肽等产品因其高品质、高活性居行业领先地位。

蓝鲲海参肽是以海参为原料，经生物蛋白酶酶解、分离、纯化得到的以小分子活性肽为主、海参黏多糖和海参皂苷等多种功效成分共存的水解产物，它具有水溶性好、稳定性好、低抗原性等特点。与海参相比，其更易消化吸收，具有更高的生物效价。研究发现海参肽具有调节免疫力、抗疲劳、抗肿瘤、延缓衰老等作用。随着人们生活水平的不断提高，人们对高品质的营养健康产品的需求也越来越强烈，蓝鲲海参肽正是顺应了这种需求应运而生，目前已成为市场追捧的热点产品。

蓝鲲海洋生物科技（烟台）有限公司拥有先进的生产线和高等级的GMP洁净车间，不仅能为客户提供优质的海洋肽原料，同时也提供品牌输出，为客户量身定做产品，提供OEM、ODM服务；同时公司拥有一支高素质研发团队，公司成员中本科及以上学历者占80%以上，对外开展从原料筛选到海洋肽提取以及成品应用等一条龙技术整体输出服务，能为客户提供产品市场分析、立项策划、产品配方设计、生产技术指导等服务。

蓝鲲海洋生物科技（烟台）有限公司
地址：中国（山东）自由贸易试验区烟台片区台北北路46号　中国科学院烟台产业技术创新与育成中心产业园
电话：13376385187

附录6　山东安源种业科技有限公司

　　山东安源种业科技有限公司成立于2006年，是一家集海参原良种繁育、养殖生产、成品参加工、海参饲料加工销售及技术服务于一体的综合性水产科技企业。下设安源种业（辽宁）有限公司、烟台蓬安源海洋食品有限公司。公司现有员工282人，注册资本1.16亿元，2020年底总资产达6.01亿元。公司拥有刺参苗种培育水体$11×10^4m^3$、年产刺参苗种$90×10^4kg$；拥有确权海域$1\ 120hm^2$、年产成品参$35×10^4kg$；拥有刺参饲料加工厂$9\ 000m^2$、冷库$5\ 000t$，年产刺参饲料$5\ 000t$；拥有成品参加工车间$2\ 000m^2$，年加工成品参$200t$。公司主要产品均已通过了农业农村部"无公害农产品"认证和有机食品认证。

　　公司是"国家级刺参原良种场""国家级海洋牧场示范区""国家海洋水产养殖综合标准化示范区""农业农村部水产健康养殖示范场""山东省农业产业化龙头企业""中国渔业协会理事单位"。

　　近年来，公司先后承担国家、省、市各类课题20余项，获国家科学技术进步奖二等奖1项、山东省科学技术进步奖二等奖1项、市级科学技术进步奖多项，获得授权专利14项，参与制定行业标准1项。公司申报的刺参新品种"安源1号"2018年通过农业农村部原良种审定委员会验收，被授予新品种证书。

　　多年来，公司秉承"科技创新、质量优先、诚信服务、客户至上"的经营理念，发扬"诚信、务实、敬业、创新"的企业文化精神，以刺参良种繁育为总抓手，立足全产业链发展，着力打造刺参行业的龙头企业，推动全国刺参养殖业高质量发展，促进刺参养殖增产、渔民增收。